あるスパイの告白
——情報戦士かく戦えり

松本 修

あるスパイの告白——情報戦士かく戦えり

謹んで本書を父松本宏および母ゆき子の霊前に供する
同時に今後生きる人々の未来にも供する

あるスパイの告白——情報戦士かく戦えり　目次

はじめに――本書を世に問う理由

「自衛隊は首から下のご奉公だが、その覚悟はありますか」――東京・市ヶ谷会館（当時）で行われた入隊試験で、制服組の面接官が強調した言葉を今も忘れることができない。

私は１９８４（昭和59）年４月、自衛隊に入隊し、２０１２（平成24）年末まで在籍、30年弱の自衛官生活の大半、約25年間を情報部隊・情報機関で過ごした。「首から下のご奉公」、要するに体力や腕力が重要視される現場で、「首から上のご奉公」をした私は、自衛隊では特異な経歴の持ち主であろう。

陸上自衛隊の中央資料隊、続いて防衛庁（２００７年から防衛省）の情報本部に勤務した四半世紀の間に、私は〃情報戦士〃すなわちスパイとして、数多くの国際事象・事案と向き合ってきた。ソ連が崩壊して東西冷戦が終結する一方、中国はさまざまな問題を抱えながらも国力を増して大国となり、北朝鮮は核兵器やミサイルの開発・実験で、それぞれ既存の国際秩序に挑戦し始める、そんな激動の時代であった。

私が「対処」した事象・事案は、中国の天安門事件（１９８９年）、ソ連崩壊（１９９１年）、台湾海峡危機（１９９５〜６年）、中国の鄧小平死去（１９９７年）、米中枢同時多発テロ（２００１年）、イラク戦争（２００３年）などであり、主として中国担当官の立場から情報を収集、分析した。情報活動の現場では、失敗も成功も多数経験した。その活動の一端を、私の生い立ちとともに、まとめたのが本書である。

本書をあえて世に問うことにした最大の理由は、〝匿名〟の壁を破りたいと思ったからだ。

私が最初の情報部隊に勤務した時、あるベテランから「松本さん。あなたは、どこか目立とうとしてないか。我々は、匿名の情熱にかければ良いのだ」と言われたことがある。それ以降、私は、この言葉を噛み締めて勤務してきた。あたかも、日本の戦国時代の「草のもの」忍者のごとく、スパイは黒子役に徹し、その活動の痕跡を努めて消さなければならないからである。その存在が露わとなり、情報活動の細部が明らかになるのは失敗ということになる。

確かに、情報部隊・情報機関には、守るべき秘密は存在する。ただし、国民の負担で維持され、国民のために活動している情報組織の全てが、秘密のベールに閉ざされるのはあるべき姿ではないだろう。

私は、〝ブラックホール〟とでも言うべき情報活動の世界が、国民の目が届かない「聖域」となってはならないと思う。その活動の実態を国民が知り、理解することが、「防衛秘密の保護」や、安保法制施行の前提になると確信している。

刑務所の「塀の中」を明らかにした作家の安倍譲二氏、浦和高校応援団OBで〝伏魔殿〟とさえ称された外務省で情報担当官だった佐藤優先輩を、私が尊敬するのも、二人が〝情報のブラックホール〟に挑んだことに共感するためである。

本書は、主として公刊資料を処理することによって、対象国の意図や能力を考察・分析する、いわば〝007のいない情報活動〟に関する記録である。こうした情報活動は、教科書を通り一遍読んだから、あるいはテキストに掲載された手法を適用したから即出来るものではない。私が従事したのは、数十年にわたる地道な努力の繰り返しと試行錯誤の結果、何とか会得した「奥義」がものを言う世界であった。

従って、本書は、決してスパイの英雄譚ではない。つまり、「天安門事件の際、天安門広場で軍の民衆虐殺を目の当たりにした」とか、「台湾海峡危機において、台湾正面の大陸沿岸に潜伏し中国軍の動向をつぶさに監視していた」といった勇ましい話とは、まったく無縁である。本書の最初から最後まで「ジェームズ・ボンド」や「ジェイソン・ボーン」、「ジャック・バウアー」、まして「VIVANT」（別班）メンバーは出てこない。その記述するところは、ある意味で〝机上スパイ〟が過ごした退屈な日々であるかもしれないが、同時に「首から上」で勝負し、脳髄を絞り出した「知恵の戦い」の記録である。

序　章　「さらば市ヶ谷台」——情報活動と私

自衛隊勤務最後の日

季節はもう師走だった。街にはクリスマスの飾り付けが華やかにきらめき、ジングルベルの音楽が流れていた。ＪＲ四ツ谷駅に降り立った私は、最後の勤務のために外堀通りを市ヶ谷駐屯地の正門に向かう。２０１２（平成24）年12月、30年近く勤務した自衛隊最後の日であった。この時、私は51歳。定年が一般の職業より早い自衛官の中でも、特に早い退職だった。

正門を通ると先ず、1枚目のＩＣカード（身分証明書）をゲートにタッチする。〝ピンポン〟と鳴ってゲートが開いた。毎日、特に意識することなく繰り返してきた動作だが、私のためにゲートが〝自動的〟に開くのも、今日が最後だ。

正門の少し先に、急な坂を上るエスカレーターがある。１９９６（平成8）年末、当時勤務していた陸上自衛隊中央資料隊の引っ越しで、六本木の桧町駐屯地から移動してきた頃は、まだ主要施設が完成しておらず、市ヶ谷台は一面の工事現場状態であった。この急な坂も徒歩で登るのが日課だったが、便利になったものだと改めて思う。

エスカレーターの終点は中央広場だ。そこを横切ってまた坂道を登り、やっと歩道へ。

暫らく歩くと私の職場がある情報棟のＣ２棟に着く。その入り口で2枚目のＩＣカード（入室許可証）を使用する。入ってすぐ横の小部屋が更衣室だ。私のロッカーはすでに、ほとんど空になっていた。数日前の日曜日、元の職場である中央資料隊時代の部下が、わざわざ車を出して私物等は運び出してくれていたからだ。

更衣室で制服に着替え、エレベーターで執務室に向かう。いったい何度、このエレベーターに乗っただろうか。私も含めて皆の喜怒哀楽をたっぷりと飲み込んだエレベーター。職場が近づくにつれ、少し感傷的になった。

私が執務室に入っても、同僚は脇目もふらず朝の日課である新聞のクリッピング（切り抜き）を行っている。私のような「机上スパイ」にとって、クリッピングは基本中の基本業務だ。毎日、繰り返されるその作業も、今日で見納めとなる。

長年使ってきた執務机に向かう。最後の職場となった情報本部分析部の15年間、何度、机の配置換えが行われたことか。私は、勤務した課にある全ての「シマ」（業務区分による机の集まり）を経験した。ある時は「シマ長」として、ある時は「一係員」として。そう思いをはせると一層感傷的になる。

しかし、今日の仕事は、退職申告、退職紹介の課ミーティング、挨拶廻り等、ほとんどが儀礼的なものである。午前8時。執務室に国歌が流れ、国旗掲揚塔に国旗が掲揚されて始業時間になると、A棟の情報本部長室へ向かう。A棟は防衛省の本部棟であり、「VIP説明」、つまり高級幹部への情勢報告などで何度も訪れた懐かしい場所だ。

本部長に対して退職申告を行い、退職を承認する辞令書を頂く。上司の分析部長ら情報本部の幹部たちが立ち会っているが、ほとんど知らない顔だ。私の休職中に入れ替わっていたからだろう。

再びC2棟の執務室に戻り、私の退職を紹介する課ミーティングが始まる。課長の紹介に続き、課員から花束と寄せ書きの色紙、祝金を頂く。いよいよ最後の挨拶だ。涙がこぼれそうになるのを必死に抑えてスピーチする。感謝の言葉を並べつつ、最後ぐらい課員を笑わせようと「これまで一番残念だったのは、ハニートラップに引っ掛からなかったこと。それだけ私が小者だったということでしょう」と言ったのだが、あまり受けず少し落胆した。

気を取り直し、退職の辞令書を持って共済組合に出向き、貯金や保険等の手続きをする。もうお昼の時間だ。送別会は遠慮したので、有志の女性課員と外出して近くのイタリアンへ行く。ランチをしながら、取り留めのない話をする。気分が良かったので私が奢った。

再々度、執務室へ戻る。外出したため制服から私服にはすでに着替えている。挨拶廻りはごく簡単に済ませた。とにかく少しでも早く、この場を離れたい衝動に駆られる。

荷物をまとめると私は、課長以下皆に挨拶し、エレベーターで降りてC２棟を出る。先ほどランチを共にした女性事務官が１人、２枚のＩＣカード回収を兼ねて裏門まで見送りにきてくれた。寂しく静かな防衛省最後の時だった。

裏門を出てタクシーに乗ると、私の目から涙がこぼれてきた。15年前、新設の情報本部分析部に着任した際、執務机と電話がある以外、パソコンや資料はもちろん、文房具さえないガランとした執務室に入った時に続いて流した二度目の涙だった。

涙とともに、スパイとして過ごした四半世紀にわたる日々の思い出が、走馬灯のように私の脳裏を駆けめぐった。

００７のいない情報活動

私を、情報活動の世界に導いてくれた一冊の本、それが『新情報戦』（朝日新聞社、

1978年刊）である。同書は現代の情報活動について、次のように記している。

「『情報活動』——この言葉の持つ響きに、私たちは〝暗いイメージ〟を抱きがちではないだろうか。『情報活動』イコール『スパイ』という考え方である。（中略）

こうした考え方は、いまではもう古いといわなければならない。なぜなら、スパイ活動以外にいくらも情報収集の手段があるからだ。新聞、雑誌、政府の公報など公開資料の翻訳、分析のほか、オープン・ソサエティー（開かれた社会）では、身分を明らかにして堂々とインタビューして話を聞く手もある。偵察衛星、無線傍受も重要になっている。スパイ活動は、全情報収集量の5パーセントにすぎず、95パーセントは合法活動による、ともいう」（同書10頁）

「（現代の情報活動の主役は、）公開情報の収集、分析と、偵察衛星、無線傍受など科学の目と耳である。これまで比較的光の当たらない場所にあった公開情報の収集、分析の重要性は、日ましに増えている。情報の洪水のなかから、役立つ情報をいかに収集、整理、分析し、短時間でどう生かすかである。・・・コンピューターの利用で情報の整理が楽になったため、公開資料の利用価値が飛躍的にふえた」（同書11～12頁）

『新情報戦』が指摘するように、私が自衛隊で主に従事した情報活動は、その「95パーセントを占める」ともいわれる合法活動、その中でも大きな比重を占める公開情報の収集、分析であった。言わば〝007のいない情報活動〟であり、一般の人がその言葉を聞いて抱くイメージとは違った地味かつ地道な実践の上に成り立つものであった。これまであまり語られることがなかった、その活動を、私の足跡に沿って紹介したい。

自衛隊の組織と「モス」

「幕僚監部」「機甲科」「特科」・・・。〝軍隊〟特有の用語が使われていることもあり、一般の人にとって、自衛隊の組織を理解するのは容易でないだろう。本書の内容を理解して頂くため、防衛省、自衛隊について簡単に説明しておきたい。

令和5（2023）年版の『防衛白書』によれば、自衛官の定員は24万7154人で、その内訳は陸上自衛隊が15万5000人、海上自衛隊が4万5293人、航空自衛隊が

4万6994人となっている。このほかに、陸海空自衛隊の〝横断組織〟である統合幕僚監部（自衛隊全体の作戦指揮を担当する組織）などに陸海空自衛官4367人が勤務する。

私が退官までの15年余在籍した情報本部は当初、統合幕僚監部の前身、統合幕僚会議の下にある組織だったが、組織替えに伴い防衛庁長官直属組織に、さらに2007（平成19）年、防衛省発足に伴って防衛大臣直属組織となった。


自衛隊の中では、私が入隊した陸上自衛隊が最大勢力を占める。国土防衛の中核となる部隊であり、我が国の領土と国民を直接守る、国防の主体となっているとの自負がある。

陸上自衛隊は、日本を5つの地域に区分けして「方面隊」を編成している。①北海道を守る北部方面隊（司令部にあたる総監部は札幌市）、②東北方面隊（同、宮城県仙台市）、③関東・甲信越を守る東部方面隊（同、埼玉県朝霞市）、④中部・近畿・中国・四国の各地方を守る中部方面隊（同、兵庫県伊丹市）、⑤九州・沖縄等南西諸島を守る西部方面隊（同、熊本県熊本市）である。

方面隊の中に、基幹部隊としての師団または旅団があり、例えば西部方面隊には、私が最初に配属された第8師団（熊本県北熊本駐屯地）のほか、第4師団（福岡県春日駐屯地）

及び第15旅団（沖縄県那覇駐屯地）が存在している。師団は1万人規模、旅団は数千人規模となっており、そこには普通科（歩兵）連隊、特科（野戦砲）連隊、戦車大隊、施設（工兵）大隊、通信大隊、後方支援連隊、偵察隊、飛行隊等の専門部隊が配置されている。この専門部隊は約千人の規模で連隊、５００人程度の規模で大隊、１００人程度の規模で中隊とそれぞれ呼ばれている。

ちなみに幹部候補生学校卒業後、私が配属されたのが第8師団隷下の通信大隊第1中隊であり、その中で野外通信を扱う部隊であった。

通信部隊の後に勤務した陸自中央資料隊は、方面隊の〝縦割り組織〟を束ねる陸上幕僚監部の情報業務を支援する組織であった。海上自衛隊、航空自衛隊にも同様の情報部隊はあるが、規模は陸自中央資料隊が群を抜いていた。

陸上自衛隊は、国防の任務を遂行するために、銃、砲、戦車、ミサイルから、弾薬・燃料、工兵器材、通信器材等に至るまで多種多様の装備を保有している。これらの装備を使いこなすために16種類の職種（旧軍の兵科）があり、それぞれ専門の教育・訓練を行うことが規定されている。そして、教育・訓練を受けた陸上自衛官が、一般の部隊等を構成する要員となっている。

陸上自衛隊の職種は、歩兵部隊の「普通科」、戦車部隊の「機甲科」、砲兵やミサイル部隊の「特科」などが代表的なものといえる。私の場合はまず「通信科」に、次いで退職直前に新設された「情報科」に属していた。


自衛隊用語の一つ「モス」について説明しておこう。米軍用語ＭＯＳ（Military Occupational Specialty）が起源で、「軍隊特技区分」と訳される。要するに、自衛隊で職務遂行上必要な特技資格を指す言葉である。原則として、モスがなければ、対応する部隊で勤務することはできない。

私が最初に取得したモスは、通信運用モスであった。通信部隊に配属されたため必要となり、神奈川県久里浜にある陸自通信学校に派遣されて取得した。ちなみに、「運用」モスは、幹部用の資格である。

次いで、情報部隊に入るため、調査学校で語学・中国語モスを取得した。その後長く情報部隊・情報機関に所属したため、本来であれば、情報運用モスの取得は必須のはずであった。しかし、情報を扱う職種、つまり情報科が陸自に新設されたのは、退職直前の

２０１０（平成22）年であり、結局、私が情報運用モスを取得することはなかった。

それにしても、それまで「情報科」が存在しなかったということは、陸上自衛隊として情報を重視する姿勢がなかったと言われても仕方がないと私は思う。

第1章　私の生い立ち（1961年～1984年）

幼年時代

記憶の始まりは、祖父がこぐ自転車の荷台に座って、群馬県安中市内を流れる碓井川の横の道を進んでいく光景である。その季節や細部の場所、目的はよく覚えていないが、大好きな祖父と一緒で私は上機嫌だった。

１９６１（昭和36）年９月に東京で生まれてすぐに、安中市の祖父母の元に預けられた。そこは父親の実家だった。そうなった理由は、生まれて間もなく私が「新生児メレナ」（新生児出血性疾患）という病気にかかり、大量の血を吐いて瀕死の状態になったためと聞いている。そして、何とか持ち直したところで、担当医から父親に対し、どこか環境の良い場所で育てたらどうかというアドバイスがあったという。「環境の良い場所」といっても特に当てはなく、東京よりは空気がきれいだと思われた実家のある安中市を、父は私の〝疎開先〟に選んだ。

安中における生活は、祖父や祖母、実家にいた父の妹たち、要するに私の叔母さんたちが親代わりとなり、私は育てられた。実家は、農業用肥料から生活用品、切手・はがきまで扱う「角松屋」という雑貨屋だったため、毎日、近所の客が訪れて私をあやしていったという。

中でも「ピーちゃん」と皆が呼んだ女の子が、私を大変可愛がってくれた。自分が歩けるようになって訪れて分かったが、ピーちゃんの家は小鳥を大量に飼っており、「ピーピー」とうるさいくらいの鳴き声が屋内に流れていた。ピーちゃんは、学校帰りに私の元を訪れ、ひとしきりあやすと帰宅していった。ある時、ピーちゃんが帰った後に、私が目を白黒させて呻いていたことがあったという。そこで、祖母が私の両足をつかんで逆さまにして強く振ったところ、5円玉を吐き出した。ピーちゃんがくれた硬貨を、そのまま口に入れて飲み込んだのだった。

同地の生活は、私の小学校入学直前まで続いた。私は、東京での仕事の合間に訪れる両親よりも、祖父母や叔母たちとの生活に慣れてしまい、完全に「爺ちゃん子」と化していた。食事は上げ膳据え膳で好物しか口にしない、日がな一日テレビの前に陣取り子供番組を眺めている、そして夜は風呂から寝床に入るまで祖父にべったりだった。私は甘ったれでわがままな少年に成長していった。

少年時代

小学校入学前、私は埼玉県大宮市日進町（当時、今はさいたま市北区日進町）に移ってきた。両親が私を祖父母の下に預けて共働きし、一戸建ての「マイホーム」を手に入れたのだ。しかし、私の中で、そこは真の「マイホーム」ではなく、あくまで安中の〝別宅〟に過ぎなかった。私は両親に懐かなかった。特に、日々の暮らしをやっと共に始めた母親との折り合いが悪く、きつく叱られると私は泣きじゃくりながら「早く爺ちゃんのいる安中に帰りたい」と訴えた。

年子の弟がいたが、彼はそんな私の姿を見て呆れたというか、どうしていいか分からないという感じだった。しかし、大宮で同世代の友人がすぐにできるわけではなく、弟が私の数少ない遊び相手だった。自宅の庭と、近くの公園が遊び場所だった。昼間は遊んでいて気が晴れたが、やがて夜になり夕飯をすますと寂しさが増してくる。母親は絵本を読んだり、音楽を流して私たち兄弟の気を引こうとしたが、私は全く上の空だった。

一向に態度を改めない私に対し、しびれを切らした母親は、懐柔策をやめて強硬策に転換した。母にしてみれば躾であったのだろうが、私には、体罰としか思えなかった。小学校入学前の幼稚園時代、そして小学校に入ってからも、ほぼ毎日、母から厳しい〝躾〟を受け、父親もそれを黙認した。〝躾〟は、私の「爺ちゃん子」体質を何とか直したい母親の最後の手段だったのかもしれない。

しかし、私はその体質を変えるどころか、逆にますます母親を忌避したため、〝躾〟はエスカレートしていった。ある日、小学校の女性担任が私の顔にあざがあるのを見つけて、その理由を問いただした。私は、母親に言われた通り、「家の階段から足を滑らせて落ち壁で顔をうった」と答えた。担任は、これを疑って緊急の家庭訪問を行った。母親は何とか応対したが、担任が帰った後は修羅場だった。激高した母の〝躾〟のために、木製のバドミントンラケットが2本、使用不能になった。私の両手も腫れ上がり、箸やスプーンが暫く持てなかった。もう限界だった。

併せて父親と母親の仲も悪くなり、日々喧嘩が絶えなかった。ある冬の寒い日曜日、母親は家を出て行った。事情を知らない私と弟が、その後ろ姿を見送った。やがて両親は離婚した。

暫くして父親は再婚し、新しい母親が家にやってきた。継母は、私や弟の「体質改善」を図った。主たるターゲットは、私の「爺ちゃん子」体質だった。

ある日、小学校から帰宅すると、継母が2階の勉強部屋で待っていた。寝室兼用の部屋には、朝、私と弟が出て行ったままの布団が、広げたまま残されていた。「お母さんは女中じゃないよ。布団の上げ下げぐらい出来なきゃダメだ」と私は継母に初めて叱られた。

この日から、継母の躾が新たに始まった。体罰や折檻は無くなったが、代わりに私や弟には怠惰な生活からの脱却、それに新たなことへのチャレンジが求められた。例えばカブスカウトやボーイスカウトへの参加もそうだった。近所の同級生が参加するのを母が聞きつけて、渋っていた私や弟の入隊を決めてきた。団体活動に伴う規律維持や友人関係の構築を狙ったと思う。

引っ込み思案で、自分の好きなことしかやらない私も、少しずつ変わっていった。何よりも同世代の仲間ができたことは、私にとって喜びだった。

中学時代

私は小学校以来、学校の勉強も運動も苦手だった。マンガやアニメは大好きだったが、学業の成績は中くらいだった。中学校に入っても状況に変わりはなかった。そんな私が意を決して入部したのが柔道部だった。「柔よく剛を制す」の言葉にあこがれ、初めて武道にチャレンジしたのである。何とか１年生の夏季練習まではついていったが、秋になって「乱取り」の練習中に、受け身を失敗して左足の小指を強打して骨折した。自分にとっては初めての大けがだった。練習も休みがちになり、２年生で自主退部となった。

私の２年生時代は、同じ中学の１年生だった年子の弟と、３年生だった従姉の間に挟まれた居心地の悪い時期であった。弟は最初の中間試験で学年２番を取り、従姉は勉強も運動も得意な生徒会副会長だった。私のコンプレックスは高まり、同級生や教師は、そんな私を面白くからかった。

しかし、そんな中で、私には一つの〝救い〟ができた。それは、英語に目覚めたことであり、実用英語検定（英検）へのチャレンジだった。２年生で４級は難なくパスし、３級の試験にも引き続いてチャレンジした。２年生の受験者は確か４名、受かったのは私だけだった。試験の窓口だった英語の野口先生が、そんな私の成果を大いに褒めてくれ、妙な自信がついたのかもしれない。年度末の学力テストでは４００人中20番となった。美術教師の女性担任だった山田先生が面談で、「はっきり言って、まぐれだとは思うが、３年生になっても、このレベルを維持できるように頑張れ」と激励してくれた。

中学3年生になると、私は自信をもって学校の勉強に取り組めるようになった。学習塾通いとは無縁だったが、夏季講習には参加した。成績が面白いように上がっていった。担任を含めて周りの教師も、これまでの実績ではなく、私の「伸びしろ」を評価してくれたのであろうか、高校受験に際し、最高の内申点をもらったと聞いた。志望校変更という紆余曲折はあったが、私は埼玉県立浦和高等学校に合格できた。一番喜んでくれたのは、甘ったれの「爺ちゃん子」の尻を叩き続けた継母だった。

高校時代

1977（昭和52）年、私は県立浦和高等学校に入学した。1学年400人余りという男子校だった。最初の1学期は友人が全くできず、悶々とした学生生活を過ごした。そして数学だけを異常な速さで進めていく理系重視のカリキュラムにも付いて行けなかった。

2学期に入って私は、応援団に入部することを決めた。またもチャレンジである。当時、漫画雑誌に連載されて人気となっていた『嗚呼、花の応援団』の内容に感化されたのかもしれない。家族も同級生も、私の決断に驚いた。私は、依然として体力があるわけでなく、勉学もまた〝低空飛行〟に戻っていた。その反動から、敢えて「ハイカラ」の正反対「バン（蛮）カラ」な道を選んだのだ。

入部してからは発声練習、応援の型の体得、さらに目前に迫った文化祭における演技発表会参加への準備で、目が回るような忙しさとなった。学校での公式練習の後、帰りの大宮駅川越線ホームの陰で電車を待つ間、さっき習ったばかりの型を身振り手振りで復習までした。帰宅して食事をとると私は、勉強どころか、そのまま布団に入って爆睡する毎日だった。その結果、全く急造の「団員」ではあったが、応援団の演技発表会「銀杏樹の下に」に、何とか間に合った。その晩、校庭で行われた全校生徒によるキャンパスファイアの美しさは、今も目に焼き付いている。応援団に入ることによって仲間や友人を得ることもでき、私の孤立感は解消された。

１９７９（昭和54）年、大学受験の準備に入った。元来、文系志望であったが、同年から始まった共通１次試験のため、５教科７科目（英語、数学、国語、理科２科目、社会２科目）を満遍なくやる必要があった。

私の最初の志望は東北大学法学部だった。大学の中身というより、東北・仙台に、何となく「バンカラ」な憧れをもったからだ。次の志望は東京大学文学部だった。文学部で中国文学などアジア系の文学をやってみたかった。最終的に落ち着いたのが東京外国語大学の中国語学科だった。得意だった英語ではなく、中国語を選んだのは、当時NHKで放映が開始された『シルクロード』の雰囲気に酔っていたのかもしれない。

翌1980（昭和55）年1月に行われた第2回共通1次試験を受験した。しかし、結果は惨憺たるものだった。目指した1000点中の「8割」、800点には届かず、自己採点で720点しか取れなかった。得意な英語や国語、世界史・日本史で思うように点が取れず、苦手な生物・化学は予想通り低い点であった。皮肉なことに最高点は数学だった。

共通1次試験の結果如何では、東大文学部への志望変更も考えていた私は、「足切り」（各大学が1次試験の基準点を独自に設定し、志望者多数の場合、2次試験受験者を事前に落とす措置）のリスクを考え、東京外国語大学中国語学科への志望を変えず2次試験に出願した。すべり止めと称して、早稲田大学文学部、慶応大学文学部を受験したが不合格だったため、外語大に受からなければ浪人だった。

幸いなことに、外語大中国科に「足切り」はなく、2次試験は英語と世界史（近現代史）

だった。受験後の感触は五分五分、合格に自信はなかった。早速私は、お茶の水にある駿台予備校のパンフレットを取り寄せた。浦和高校は元来、現役合格率が低く、当時の教師たちが「一浪」を「人並《ひとなみ》」などと呼んで気にしなかった。生徒の間では駿台予備校の校舎は、浦和高校の現役生や浪人生の学費でほとんど建てられたと、まことしやかに噂されていた。３月、当時は東京都北区西が原にあった外語大で合格発表が行われた。高校受験に続いて、またも〝奇跡〟が起き、私は現役合格を果たした。応援団の仲間で現役合格は私を入れて２人しかいなかった。

大学時代

１９８０（昭和55）年、私は東京外国語大学中国語学科に入学した。同期生は男女併せて60名（内訳は男子40名、女子20名）だったと思う。同期生を30名、２クラスに分けた中国語の授業が始まった。１年生時代は、月曜日から土曜日までほぼ毎日、中国語の授業があった。最初は発音の授業、中国語特有の「四声」（中国語の漢字に付与される４種類の音声）

の授業が始まった。私は当初、得意だった英語の発音に引きずられて、この四声がなかなか身に付かなかった。

中国人女性のリン先生が、授業で学生一人一人の発音をチェックしていくのだが、いつも私の所で立ち止まった。「ソンベン（松本の中国語名）、ザイシュオーイービェン（もう一回言いなさい）」、先生に促されて発音を繰り返しても直ぐにオッケーは出なかった。最低二、三回はやり直しだった。クラス内に、「いつまでやってんだよー」という雰囲気が流れているが、どうしようもなかった。

その分、私は、読解や作文で巻き返した。特に作文では高得点が取れた。その授業では毎回、小テストがあるのだが、前回の学習内容をほぼ暗記して挑んだためである。帰宅後は、夜間のＮＨＫラジオ中国語講座を聞いて必死に学習し、とにかく中国語に耳を慣らして四声の体得やヒアリング能力の向上に努めた。１年間必死に学習した結果は、読解・作文・文法でオール優の成績だった。

２年生になって、私はある〝野心〟を抱くようになった。大学前期２年間の中国語学習で、このまま「優」の評価を重ねれば、当時始まったばかりの中国国費留学の推薦を受けられるのではないか、いや、是非受けたいと思うようになったのだ。結果として、その〝野心〟が空回りをしてしまった。

前年のひた向きな学習姿勢というよりは、留学のための評価を上げる方向に、私の努力は向けられた。例えば自由作文では、遠大なテーマを選んで書いたが、文法にかなりのミスを指摘され、中間試験や期末試験でも、思ったような成績が取れなかった。したがって、2年生は優1個、良2個の成績に終わり、中国留学の夢はあきらめざるを得なかった。

1980年代の国際情勢と国際関係論への目覚め

大学後期の専門課程では、語学・文学コースでなく、国際関係コースを選んだ。すでに入学直後から、中国語学習と並行して、新しい学問分野である「国際関係論」（国際政治学に国際経済学などを加味し、さらに外国・地域研究を並行して行う社会科学）に傾注していたので、迷いはなかった。

当時の国際情勢は米国とソ連の「デタント」（緊張緩和）時代から、1979（昭和54）年末のソ連軍によるアフガニスタン侵攻と、それに反発する米国の対ソ制裁措置発動、日本を含む西側諸国のモスクワ五輪参加ボイコット等、「新冷戦」時代へ転換しつつあった。

１９８１（昭和56）年、米国では共和党のレーガン政権が発足し、１９８９（平成元）年1月までの2期8年間の長期政権を築くことになった。レーガン米大統領は、国内的には「レーガノミクス」を推進して好景気を演出し、その成果で国防費を増額、〝スターウォーズ計画〟と揶揄された「戦略防衛構想」（ＳＤＩ）等の対ソ強硬政策を推進するようになった。当時の世界は、第2次世界大戦後続いた、米国とソ連を軸とする「東西対立」終盤の時代であった。

私が専攻することになった中国情勢の解読・分析は、著名な学者の論説を読むところから出発した。中でも、東京外語大中国科の大先輩である中嶋嶺雄教授が執筆された論文や書籍を、必死に集めて読みふけったことを覚えている。

１９８０年代初頭の中国を一言で言えば、「十年の災厄」とされた文化大革命で荒廃した国内政治の混乱を収めようと、もがいていた時代であった。混乱の元凶とされたのが毛沢東夫人の江青ら「四人組」だった。当時、権力を手中にした鄧小平ら長老一派は、四人組裁判をテレビ放映し、内外に情報を公開することで政権の正統性と安定性を喧伝したのである。したがって、当時の中国外交は、米ソを中心とする国際関係から一定の距離を保つ「独立自主」外交にとどまり、いわば受け身の外交姿勢であった。当時の中国は、依然として内向きで、足かせをはめられた「臥龍」（とぐろを巻いたドラゴン）にすぎず、研究対象としてはあまり魅力的な存在ではなかった。

こうした時代の中で、私が当時魅了されたのが、永井陽之助・東京工業大学教授の『平和の代償』や『冷戦の起源』をはじめとする著作群だった。やがて私は、１９８２（昭和57）年４月、中嶋嶺雄教授の国際関係論ゼミナール（通称「中嶋ゼミ」）入りを許され、国際関係論や現代中国学、戦略論に親しむようになった。

「中嶋ゼミ」入りの課題だったレポートは、既に翌年の卒業論文作成を意識した「アジアにおける冷戦、その戦略的再考」だった。当時、ゼミ入りした学生は他に３人いた。２人は中国科学生、もう１人は英米科学生で全員男性だった。

ゼミでは「アジアにおける冷戦」に関する英書講読などが行われる中、中国への大学留学やＪＩＣＡ（当時は国際協力事業団）事業のためのインドネシア派遣で２人の学生がいなくなり結局、同学年のゼミ生は私とＫ君という中国科出身の２人だけになってしまった。

同年夏には、「中嶋ゼミ」の夏季合宿に初めて参加した。場所は長野県の白馬高原。中嶋先生の出身が長野県松本市であり、例年、夏季合宿の場所はその近辺が選ばれたのである。

当時、日本は、中国や韓国など周辺諸国との間で〝想定外〟の摩擦を引き起こしていた。高校社会科の教科書検定で「侵略」が「進出」に書き換えさせられたとの新聞報道を発端に、中国や韓国が対日批判を開始し、その是正と謝罪を大々的に訴えたのである。この「教科書問題」は、ゼミ合宿における格好のテーマとなり、参加した学生やOBの間で活発な議論が繰り広げられた。

その末席を汚しながら、私は意見発表をふられると「実際は、そのような書き換えの事実はなく、〝誤報〟だったと聞いている。しかし、問題は語彙の修正などではなく、軟弱な日本の対外姿勢やジャーナリズムの信頼性ではないか」などと〝放言〟していた。「生意気な学生がゼミに入ってきた」「どうも右翼めいた、鼻息の荒いヤツだ」という噂が、合宿の前に流れていたらしい。少しは気の利いたことを発言したつもりの私だが、一部の先輩学生やOBからは完全に無視された。しかし、翌日、白馬山ハイキングに参加したら、「松本君、君は面白いな」と声をかけてくれるOBがいたり、合宿打ち上げの宴会で〝論争〟を吹っかけてくる先輩学生もいて、私は楽しかった。

やがて日本の国内情勢は転換する。自民党の鈴木善幸総理が突然辞意を表明、1982(昭和57)年11月には中曽根康弘内閣が成立した。国内的には「戦後政治の総決算」をスローガンに掲げて行財政改革に着手し、対外的には日米同盟の強化を目指す政権が誕生したのである。これ以降、中曽根政権は、私の自衛隊入隊（１９８４年）を挟んで１９８７（昭和62）年11月まで５年間にわたって存続した。新聞やテレビでは、米国のレーガン政権と日本の中曽根政権の間で演出された日米関係の蜜月期が〝ロン・ヤス関係〟などと揶揄されていた。

自衛隊入隊の理由

１９８３（昭和58）年に入ると、大学卒業後の進路を考えるようになった。民間企業への就職は全く考えていなかった。私なりの選択肢は、①大学院に入って研究を継続する、②公務員試験を受けて官公庁に入る、③松下政経塾に入って政治家を目指す、などであった。いわゆる「モラトリアム世代」の私は、確たる人生計画や将来の展望がない〝夢想家〟だったのかもしれない。

しかし、とにかく試験と名の付くものは全て受けた。外交官試験（当時）を皮切りに、国家公務員上級職試験、松下政経塾入塾試験、その中の一つが陸上自衛隊の幹部候補生試験だった。自衛隊に関しては何の予備知識もなかったし、親族にも自衛官や防衛庁職員はいなかった。では、何故自衛隊を就職先として選んだのか。答えは簡単である。試験に受かったのは自衛隊の幹部候補生試験しかなかったのだ！

大学院試験も、国際関係論のある東京大学総合文化研究科、一橋大学政治学研究科と受験したが、箸にも棒にも掛からぬ状態で不合格だったことは、中嶋先生から直々に伝えられた。この時、先生は「松本君、君は少し浮ついていないかね。東大、一橋大と君に依頼されて推薦状を書いたが、結果は不合格だ。これが合否ライン上の話なら、私が話をつけてもと思ったが、君の成績は遥かに下位とのことだ。中嶋ゼミを代表する学生が、これでは恥ずかしい限りだね。そもそも、大学院の合否は単なる成績で決まるものではない。問題は、君の研究テーマに対し、指導教官が誰になるかなんだ」と諭し、「これからは私を指導教官にして、外語大大学院の修士課程入学で構わないだろ」と助言してくれたのである。

このアドバイスを素直に受け入れ、そのまま東京外語大大学院に入って「学者」の道を歩んでいれば私の自衛隊入隊はなかったと思う。しかし、そこが天邪鬼《あまのじゃく》な性格である私の選択だった。私は、研究者への道を自ら断って、全く未知の世界である自衛隊への入隊を決断したのである。

理由は先にも述べたように、そこしか試験に受からなかったこと。第二に、当時の国際情勢の進展がある。１９８３（昭和58）年はどこか不安定な年回りだった。訪米した中曽根首相の「不沈空母」「四海峡封鎖」発言（１月）に始まり、米国のレーガン大統領による「悪の帝国・ソ連」発言（３月）、フィリピンのアキノ上院議員暗殺事件（８月）、ソ連領空を侵犯した大韓航空機の撃墜事件（９月）、ビルマ・ラングーン（当時）で韓国要人を狙った北朝鮮の爆弾テロ事件（10月）が相次いで発生し騒然としていたことから、私の中で「国防の念」が若干深まったことがある。

そして第三に、同年から外語大に教えに来て下さった桃井真先生（当時、防衛研修所研究部長）との出会いがある。それは偶然のことだった。中嶋先生から、桃井先生の来校と「軍備管理・軍縮論」の開講を聞いていたので、私は時間に合わせて大学院の教室へ向かった。まだ学部生であったので、教室の隅っこで聴講できれば良いというくらいの思いだった。

しかし、講義の時間になっても院生たちは集まらない。桃井先生は着席されて私の方を眺めている感じだった。突然、「君の専攻は何だい。どんなテーマで研究してるのか」と先生から質問が飛んできた。私は「中国科4年の松本です。本日はあくまでオブザーバーとして参加したのですが、研究テーマはアジアにおける冷戦史を考察しています。その中で吉田茂ら戦後日本の選択と、毛沢東の中国の選択を比較したいと思っています」と答えた。そこへ、中嶋先生がやって来て「参加は松本君だけか。院生が誰も来ていないとは」と唸って、退室されてしまった。どうやら院生を呼びに行ったようだった。

「興味がなければしょうがないよな。軍備管理・軍縮論、危機管理理論なんて面白くもない」と、桃井先生が笑いながら私に語り掛けた。私は「実は陸上自衛隊の幹部候補生試験を受験しました。結果はまだ分かりませんが、入隊も選択肢の一つです」と咄嗟に答えた。「なるほど、君は軍事問題や国防に関心があるのかい」と先生。「冷戦史も一種の戦史だと思います。何らかの教訓を学べたらと思っています」と私。そこへ、中嶋先生と院生数人がやってきた。講義の格好は一応ついたが、中嶋先生も院生もばつが悪そうだった。しかし、私にとっては、自衛隊入隊を決定付けた出来事だった。

この後も桃井先生は外語大に教えに来られ、私はオブザーバーとして講義を聴講、山梨県にあった先生の別荘での「課外授業」（討論会と夜宴）にも参加させていただいた。

後の話となるが、桃井先生は、私の陸上自衛隊幹部候補生学校入校後、同校を訪問されて面会までしていただいた。「実は俺、君の大先輩にあたるんだ。第２次大戦末期、予備士官として召集され、ここ久留米の陸軍予備士官学校に入校したんだ。君が入校したと聞いたから、頼んで見学させてもらったよ」と、愛用のパイプを手にやってきた桃井先生の姿に私は大いに恐縮し、また感動したものだった。

第2章　スパイへの助走（1984年～1988年）

自衛隊入隊・久留米へ

1984（昭和59）年3月末、大学卒業式の翌日に、九州の福岡県久留米市に旅立った。陸上自衛隊幹部候補生学校に入校するためである。

「君は、東海道より向こう、西海道に行くんだな」。東京外語大で講師をされ、恩師の1人であった粕谷一希氏（元『中央公論』編集長）に激励された私だが、その言葉の中に、「何故、わざわざ都落ちするんだ」という疑義の念が含まれていると感じ、やや落ち込んでいた。

親族の中にも、私の自衛隊入隊に不満を漏らす者がいた。「大学まで出して何で自衛隊なんだ。別の公務員もあるだろ」という言葉を、両親、特に母に吐いたのが、かつて大好きだった祖父と知ってショックを受けていた。

久留米に着いた入校前夜、私は近くの旅館で1泊することにしていた。そこで、入校を控えた同期2人と相部屋になった。夕食を済ませると部屋で彼らと酒盛りが始まり、口が軽くなれば自然と自己紹介となった。1人は北海道出身、もう1人は青森県出身だったが、私同様、明日からの自衛隊の教育や訓練に付いて行けるかどうか不安を口にしていた。

翌朝、彼らと共に、幹部候補生学校に向かった。我々が所属する第4候補生隊の隊舎は校門から一番遠い場所にあった。隊舎の入り口に着くと早速、「区隊」（一種のクラス）分けが明らかになり、私は第１区隊、他の２人は第３区隊だった。入り口に佇んでいると「松本候補生、着隊おめでとう」と声をかけてくる人がいる。今西俊和区隊長だった。最初の印象は「ミスター陸上自衛隊」、背が高くスマートに制服を着こなしたカッコいい自衛官だった。そして、区隊長自ら私をエスコートして、隊舎２階の居室（ベッドルーム）に案内してくれた。「松本候補生、君のベッドは、その上段だ。そこに、これから使う装具がある。これらに名札を付ける必要がある。制服や戦闘服にもだ。その点検は、３日後に行うものとする。質問は？　なければ直ちに作業にかかれ」と矢継ぎ早に指示すると、呆然としている私を残して居室を出て行った。

気を取り直して辺りを見ると、既に一連の作業を終えたと見え、悠然とベッドに寝転んで音楽を聴いている候補生がいた。後で名前は分かったが、Ｔ候補生だった。彼は、自衛隊勤務経験者で、空いた時間に大学の夜間課程に通って大卒資格を取り、一般幹部候補生試験に合格した方だった。

とにかく時間がない。今朝、旅館で着込んできた背広もネクタイも不要になった。配給された青色のジャージに着替えると私は、名札付け作業に着手した。居室の反対側の部屋が、各人の机が置かれた教場というか、自習室だった。作業を始めてから、何故、今回の入校に裁縫セットが必要なのかやっと分かった。

直接、マジックで名前を書く装具は少なく、貸与された物品はほとんど、名札を縫い付ける必要があったのだ。こんな作業をするのは、小学校の家庭科の授業以来だった。頭の中にあった小難しい戦略論や国際関係論は、全て吹っ飛んだ。今は期限を決められた作業に没頭するしかない。しかし、装具にはなかなか縫い針が刺さらない。少し力を入れて縫おうとすると、針が簡単に折れてしまった。予備の針も少なくなったところで、1年先輩の方々が私を手伝いに来てくれた。前年度は、我々のような幹部候補生が倍いたそうで、私1人に先輩が2人付いてくれた。「松本君、君は運がいい。最初から〝副官〟が2人もいるんだから」と会計科（一種の主計兵）職種の先輩が、器用に作業をこなしながら励ましてくれた。もう1人は普通科（歩兵）職種の先輩で、寡黙な方だった。3人で行った作業はあっという間に終了し、点検には十分間に合ったのである。

入校式を控えたある晩、私は自習室で外をぼんやりと眺めていた。窓からは外灯に照らされた桜の花が見えた。しかし、花はまだ三分咲きというところで、しかも春の嵐、というか学校の横に聳《そび》える久留米の高良山から吹き下ろす風に激しくさらされて、今にも散りそうだった。「九州までやってきたのに、ここ久留米はまだ寒い。春未だ来たらずだな」と思い、私は、これからの学校生活に一抹の不安を感じていた。

「U」と「B」

私は一般大学卒業の幹部候補生であり、その区分は英語のUniversityの頭文字から「U」と称されていた。これに対し、防衛大学校卒業の幹部候補生は、防衛大学校のローマ字表記の頭文字から「B」とされていた。私たち第84期（１９８４年入校から命名）一般幹部候補生のU出身者は、確か60名程度いたと思う。20名で構成される区隊が3個あり、それぞれ区隊長（1等陸尉、旧軍の大尉相当）、付き教官（2等陸尉、同中尉相当）、付き陸曹（下士官）が存在し、日々学生の面倒を見てくれた。

私が属した第1区隊は、私のような「純U」が13人、先に述べたT候補生のような自衛隊経験者は7人いたと思う。後者は「Uダッシュ」とも呼ばれていた。「純U」の内訳は雑多で文系・理系出身者が入り交じり、どちらかと言えば私大出身者が多く、私を含めて国公立大出身者は少なかったと記憶している。

私の「バディ」は北海学園大学卒で、北海道出身のY君だった。「バディ」とは、訓練などでペアを組む相方の呼称で、名簿順に決められる。Y君は私同様、「純U」であった。しかし、学校生活を共にしながら明らかになったのは、「純U」であっても、親族に自衛官や防衛庁職員がいる者が多いということだった。例えばY君の父親は、北海道白老の自衛隊施設の職員だった。私のような、自衛隊とまったく縁のない入隊者は稀だった。

最初の自己紹介で、私が「東京外語大中国科」出身であることを明らかにすると、周りからは若干奇異の目で見られるようになった。１９８４（昭和59）年当時、その統治体制は揺らいでいたが、ソビエト共和国連邦（ソ連）はまだ存在し、ソ連こそ自衛隊の「仮想敵国」であるとの意識が強く残っていた。それだけに、「外語大出の自衛隊入隊者なら、ロシア科卒業生ではないのか。松本候補生は一体何のために入隊したのか」という疑問が区隊長ら指導陣、そして同期の学生からも示された。

入校式も終わり、自衛隊の基礎知識に関する授業と同時に、軍事英語の授業も始まった。「松本候補生、君は外語大で何を専攻したのか」と英語教官から質問が投げかけられた。「中国語です。英語は第2外国語で、英語検定2級を持っています」と答えると、教官はやや困った顔をして、「今の自衛隊の現場に中国語を生かすニーズはない。東京の小平市に調査学校（当時、現在は小平学校）という情報や語学を教える機関があるから、そこの教官を目指したらどうか」とアドバイスしてくれた。

まだ職種（旧軍の兵科）も決まっていない時期であったが、私は冷水を浴びせられた感じだった。また、どこから聞きつけたのか、別の区隊の「Uダッシュ」から、浴場で声をかけられ、「中国語専攻だってぇ。自衛隊じゃあ、外語大の卒業資格はそのままでは使えない。調査学校でモス（特技資格）を取らないと無理だな」と〝解説〟されたこともあった。

実態がよく分からず混乱し、悩んだこともあったが、学生生活の中で、「バディ」であるY君など、気の置けない仲間も徐々に増えていった。週末、外出が解禁されると、久留米市内は勿論、福岡県の中心地である福岡市中洲にまで繰り出した。幹部候補生学校の教育や訓練の厳しさが増す中で、その憂さを晴らすために我々同期は、外出のたびに大いに飲み、かつ議論したものであった。

「B」出身者、つまり防大卒業組と直接触れ合う機会はほとんどなかった。しかし、その勢力は我々「U」出身者の４倍、２４０名以上は幹部候補生学校に在籍していたように思う。彼らは既に、神奈川県横須賀市の防衛大学校で基本的な教育や訓練を済ませており、どこか自衛隊ズレ（慣れ）していたように見えた。ある時、候補生隊間で学生交流という試みがあり、1週間だけ「U」と「B」の一部が席を入れ替えたことがあった。「U」の私からすれば、自衛隊では先輩の「B」と接するのは緊張するものだった。

ある「B」の候補生が私に「松本は外語大出身なんだってな。これからどうするんだ。CGS（指揮幕僚課程）に行って将来は防衛駐在官（駐在武官）でも目指すか、それとも語学を生かした情報職域に進むか」と声をかけてくれた。私にとっては、非常に具体的な内容だった。また、「俺たちBはもう言動が鋳型にはめられて斬新なものが出ない。これからの自衛隊は、柔軟性が残っているお前らUの言動にかかっている」と語る者もいた。

衝撃的だったのは、「国防意識や愛国心の高揚だと。我々Bだけに求められても困る。そもそも俺たちBの中で、一体何人の人間が愛国心を語れるか疑問だ。松本、お前も自衛隊以外に公務員試験を受けたろ。Bが自衛隊に入隊するのは、一般大学の学生が中央官庁や地方の市役所に入るのと同じなんだ」と真顔で語る「B」がいたことだった。私は、彼らのほんの一部と接触したに過ぎないが、「B」出身者はどこか冷めていて、我々「U」出身者の〝ガキ〟状態に比べて〝大人〟だったと思う。

陸上自衛隊幹部候補生学校での課程は半年で終了し、我々は各部隊に配属された。

通信大隊の日々

１９８４（昭和59）年９月の陸自幹部候補生学校卒業後、熊本県・北熊本駐屯地にある第８師団隷下の通信大隊に配属された。師団司令部の指揮統制、部隊運用のための通信網構築や、各部隊への通信支援を担当する野外通信部隊であった。通信部隊としては他に、駐屯地内、駐屯地間の通信を担当する基地通信部隊が存在した。通信部隊は、私の陸上自衛隊における「母隊」である。

九州への配属は、第１志望ではなかった。当時の世相はまだ「ソ連脅威論」華やかなりし頃であり、同期は皆、北海道や東北地方に配属希望を出し、私も例外ではなかった。第１志望を東北地方、第２志望を北海道、第３志望を九州地方とした。出身地である関東地方は身内が重病など、特殊事情がなければ希望できなかった。結局、人気配属先であった北海道や東北はかすりもせず、九州、しかも福岡県の〝都会師団〟第４師団ではなく、〝山男師団〟と噂された熊本県の第８師団に配属された。今は大人気の「くまモン」も、当時はまだ熊本県に現れておらず、阿蘇山と熊本城、水前寺公園が有名な観光スポットだった。

強く志望した配属先ではなかったが、熊本での部隊生活は楽しかった。「小隊長は熊本のどちらの出ですか、訛りがほとんどなかけんね」と聞かれるぐらい、熊本県には松本（松元）姓の隊員が多かった。私は自分の名前から話題を作り、徐々に部隊へ溶け込んで皆と親しくなっていった。

「肥後もっこす」は大体口が悪く、よそ者を簡単には受け入れない閉鎖的な一面もあったが、親しくなったらとことん仲良くなり、〝お節介大好き〟の気の良い人が多かった。

１９８６（昭和61）年３月の通信学校卒業後、「母隊」へ復帰し現場で様々な仕事を経験して忙しかったが、毎日充実していたと思う。

仕事が終わって下宿に帰ると、近所のスナック「ピアドール」に繰り出した。同店は、「緒方酒店」が経営する〝第８師団御用達〟の店だった。店主の緒方さんは生粋の「もっこす」で、ビールケースや一升瓶を小脇に抱えてバイクで配達するなど、腕っぷしも強かった。

幹部自衛官（３等陸尉）とはいえ〝軟弱〟な私が、部隊の仕事の話などで愚痴ると、いつも「松もっちゃん、つまらんコツ（事）言うな。焼酎飲んですっきりせんとイカン」と励ましてくれた。おかげで九州の定番であった焼酎（１９８０年代後期、関東地方ではまだ流行っていなかった）の味には慣らされた。そして、焼酎に飽きれば、酒屋の売り物の洋酒ボトルが出て来る。「給料日払いでよかけん、このバーボンば飲んでみ」と緒方さんから注がれ、酩酊状態でカラオケも歌う。午前零時の閉店まで、よく飲んで歌ったと思う。翌朝、完全な二日酔いで部隊に出勤すると、上司や部下から「松本3尉、朝から良か匂いばさせて臭かあ」とからかわれた。

同年の秋、人事幹部がやって来て「松本3尉、東京の小平市にある調査学校への入校調整（異動人事）が来とる。関東へとんぼ返りばい」と私に告げた。まだ自衛隊入隊後まもなくであり、こんなに早く地元へ戻れると思っていなかったが、憧れの情報部隊に行くためには、調査学校で中国語の特技資格を得ることが必要であった。「やっと熊本の生活にも慣れ、緒方さんや親しい人も出来たのに残念」という思いは強かったが、翌1987（昭和62）年3月、私は九州をあとにした。

調査学校と中国語モス

九州における幹部候補生学校の生活や通信部隊勤務は、わずか3年で終わり、1987

（昭和62）年4月、東京都小平市にあった調査学校（当時、後に小平学校へ改編）の中国語課程へ入校した。幹部候補生学校時代に、同期から示唆された「モス」（特技資格）取得のためであり、今後の情報部隊勤務のための準備活動が始まったのである。

東京外語大卒業以来の中国語学習だったが、学生生活は楽しかった。前段の約半年間は大学の授業同様、中国語の基礎を学ぶものであり、後段は軍事関係の中国語を学んだ。また当時、中国軍の専門家であった平松茂雄氏（防衛研究所研究室長などを経て杏林大学教授）の『中国人民解放軍』（岩波新書、１９８７年刊）が出版され、早速購入して読み込んだ。いっぱしの専門家を気取っていた私であったが、中国軍に第2砲兵部隊（戦略ミサイル部隊のことで２０１５年末、「ロケット軍」に名称変更）が存在していることも知らず、大いに顔を赤らめたものである。

楽しい学生生活も終盤となり、卒業後の配属先決定が近づいてきた。私の第一志望は当時六本木の桧町駐屯地にあった陸自中央資料隊（２００７年、新設された中央情報隊隷下の基礎情報隊へ改編）だった。幸い希望はかなえられ、私は念願の情報部隊に勤務することになった。

第３章　陸自中央資料隊の日々（１９８８年～１９９７年）

『新情報戦』が描く情報部隊

１９８８（昭和63）年から９年間勤務した陸上自衛隊の中央資料隊は、英語で Central Intelligence Service Unit と表記され、ＣＩＳＵと略された。私が同隊に入るきっかけを与えてくれた書籍『新情報戦』（朝日新聞社、１９７８年刊）は、その活動を次のように記している。

「机の上に広げられた各国の新聞、雑誌。上着を脱いだ男たちが、たまに辞書を繰っては、原稿用紙に鉛筆を走らせる。新聞社の外報部によく似ている。部屋の整理が行き届き、大半の男たちのネクタイがそろいのベージュ色であることを除いては・・・。

東京・六本木。防衛庁の一角にある陸上自衛隊（中央）資料隊。ここは公刊された資料を組織的に翻訳、分析している日本で最大の組織だろう。隊長山田尚志1佐以下２２０人。この部隊は第1科（ソ連、東欧）、第2科（アジア）、第3科（米、西欧、アフリカ、中近東）、第4科（国内）、技術科、地誌科、整理科などに分かれる。庶務や電算機関係者を除いた情報専門家は約１５０人とみられている。

このうち、幹部（士官）、曹（下士官）、私服職員がほぼ50人ずつ。制服の専門家の語学教育は、東京・小平市の『調査学校』で行われ、英語は半年、ロシア、中国、朝鮮語は１年のコースだ。

訳している外国の新聞、雑誌にはソ連軍機関紙『赤い星』や『軍事通報』・・・から、米議会議事録や中国共産党機関紙『人民日報』もある」（同書１８８～９頁）

引用した文章は、私が中央資料隊に着任する10年前の話だが、その実態は、我々の時代とほとんど変わっておらず、簡潔にまとめられていると思う。

資料隊の仕事

中央資料隊の朝は早い。六本木の桧町駐屯地（現在は東京ミッドタウン）にあった職場に、午前7時半までに来ることが求められた。そのため、午前6時過ぎには埼玉県大宮市内の自宅を出て埼京線を利用し新宿へ。新宿から山手線で原宿へ、さらに地下鉄へ乗り換え乃木坂で下車、徒歩で職場の中央資料隊第2科の部屋に入る。第2科は、中国、朝鮮半島、それ以外のアジア諸国を担当、それを3班体制でカバーしていた。

制服に着替えて、クリッピングと称する邦字6紙（朝日、読売、日経、毎日、東京、産経）の中国関連記事切り抜き作業を、同僚と手分けして行うのが、朝一番の日課であった。

陸幕調査部の中国担当幕僚が作成するモーニングレポート（邦字紙の関連記事解説が中心）や、ブリーフィングの原稿作りを「支援」することも仕事の一つであった。つまり、幕僚が原稿を作成している間、我々は待機、質問があった場合は調べて回答し、参考資料を添付する場合は作成して幕僚へ提供するのである。

出張や休暇で幕僚が不在の間、モーニングレポートなどの作成業務を〃代行〃したこともあった。着任当初は、この〃代行〃業務を資料隊の上司を通さずに水面下、暗黙の了解で実施していた。やがて何かの拍子に新人の幕僚が、休暇予定を持参して、我々の上司に〃代行〃を直接依頼したことがあった。

〃暗黙の了解〃を知らなかった上司は激怒した。「これでは我々資料隊は、陸幕調査部の使役、奴隷ではないか」。結局、上司が陸幕に掛け合って、それ以降は資料隊上司の了解がなければ、〃代行〃は行わないことになった。やがて、陸幕調査部の担当幕僚間で業務を相互補完するような体制に変わり、事態は〝正常化〟した。

邦字紙のクリッピングが終わると、担当する国・地域のオリジナル資料の翻訳に取り掛かる。私が所属した第2科中国班の場合は、各人の担当分野に合わせて中国共産党機関紙『人民日報』、中国人民解放軍機関紙『解放軍報』や中国語雑誌の『求是』、『瞭望』などを読解、処理するのである。

注目記事の翻訳資料を作成するか、記事を要約して手書きの原稿を作成、それを電計科のパンチャーに打ち込んでもらってゲラを作る。そのゲラをチェックして、電計科のスタッフにコンピューターへの入力を依頼するのが、我々の日課であった。

この作業は、日々動いている情報を入力するという意味で、「動態入力」と呼ばれた。陸幕の要求に答えるために、あるいは、資料隊が質の高い「出力」（アウトプット）を行うためにも、その蓄積(インプット)を通じてデータバンクを充実させる必要があった。我々にとって、「動態入力」作業は、中核となる業務であった。

こうして作成される翻訳資料の中から、班長、科長が選別して重要なものを『週報』に掲載した。その際、「単品」の翻訳として出すか、過去の「動態」を付与した「総合資料」として出すかは、科長らが判断した。

日々のクリッピングや「動態入力」作業を抱えながら、「総合資料」等を作成することは、当初、相当な〝重労働〟であった。たまった「動態」を処理するため、休日出勤することもあった。1988(昭和63)年の着任当時、日本はバブル経済の真っただ中にあり、防衛庁のあった六本木もきらびやかで浮かれていた。しかし、我々自衛官は、そうした風潮とは無縁であり、仕事の後に居酒屋の「天狗」や「つぼ八」等で同僚と痛飲して憂さを晴らすことぐらいが、ストレス解消法であった。

数か月に1度行われる担当幕僚による情勢報告の「支援」も、我々の仕事の一つだった。当時はプレゼンテーション用ソフト「パワーポイント」などはなく、幕僚の原稿に基づいて我々が、スライド、それも主画面、副画面の二つのスライドを手作りして提供した。ワープロ原稿をスライドに焼き付け、これに黄色や赤色などのカラーテープを貼って強調点とするなど、ここでもクリッピング同様、切り貼りのテクニックが役立った。

ただ、幕僚による情勢報告は難航することもあった。「幕僚に対する指導が熾烈化する」、つまり情勢報告案に上司からダメ出しが出る場合などである。そうなると、スライド作りをやり直すことになり、最終的に出来上がったのが情勢報告の当日の朝ということもあった。当然、作業を「支援」する我々も、泊まり込みを余儀なくされた。

クリッピング――切り抜きを笑う者は切り抜きに泣く――

陸自中央資料隊への配属は、1988（昭和63）年3月のことだった。私は、同部隊で情報活動の「イロハ」を習い、その基礎、基本を徹底的に叩き込まれた。資料隊で身に付けた〝体質〟は、今でも変わることはない。

それは朝の新聞切り抜きで始まった。この作業を「クリッピング」と呼んでいるが、要は「オシント」（オープン・ソース・インテリジェンスの略称。新聞や雑誌、政府から公開された文書等を処理した情報）のための収集活動の第一歩であった。

「主要邦字紙から中国関連の記事を切り抜け」という班長の指導の下、私は数紙のクリッピングを開始。最初は愚直にも、新聞の一面から最終面まで舐める様に読み、関連記事を切り抜いていった。国際面の記事は言うまでもないが、社会面や家庭面で中国芸能人の紹介や、焼きビーフンのレシピまで切り抜いて同僚の失笑をかったこともあった。

私の後輩には、日本企業の「中国電力」の業績や「中国ファンド」（中期国債ファンド）売り出しの記事まで切り抜く者も出てきた。しかし、私は、彼らの作業を笑う気は全くなかった。クリッピングの第一歩は、こうした「ゴミ拾い」活動に他ならず、目を皿にして記事を読みながら、貪欲なまでに資料を漁ればよいのである。

近年、インターネットが普及し、こうした初歩的な作業を軽視して、「新聞は1面の大記事と国際面の記事だけを扱えばよい。たとえ切り忘れてもネットで検索して探せばよい」という風潮が出てきている。また、これらの作業は所詮、邦字紙が対象であり、自分が担当する外国の新聞・雑誌をしっかり処理できればよいのだという考え方もある。

しかし、こうした風潮や考え方は結局、情報収集活動の初歩の軽視にすぎないと思う。邦字紙をまともに扱えない人間が、外国語の新聞等をうまく処理できるとは思えない。私の経験では、こうした初歩の作業を軽視する者は、必ず中途半端な担当者で終わっていった。収集の「入口」でつまずく者に、必要な情報を得ることは不可能なのだ。

既に述べたように、中央資料隊の中核業務の一つとして、収集した記事を「動態」資料としてコンピューターに入力する作業があった。担当者として月間で約100件を入力、しかも入力に際しては、後で検索をかけるための「カギ語」、つまりキーワードの付与が課せられた。例えば、「中国共産党が第19回党大会を開催した」という事象の入力に際しては、「主体・中国共産党」「党大会（19）」といった「カギ語」を付けるのだ。

１９８０年代末、インターネットはまだ普及しておらず、我々にとって自前のデータベースを作成する必要性は今以上に高かった。また、入力する資料に適切な「カギ語」を付けることは、質の高いデータベースを構築する上で必要不可欠な作業であった。

私は着任してすぐに、科長の特命事項として過去の「動態」資料を出力し、「カギ語」付与に関する検討作業を行った。これによって、ある記事に書かれた事象の中身、及びその入力・データ化作業がいかなる意味を持つのか、よく考えることができた。それによって、資料の収集・処理という情報活動の基盤となる作業に自信を持てたのは、非常に幸運だったと思っている。

天安門事件への対処

中国社会に大きな傷跡を残した天安門事件は、中央資料隊勤務2年目に起きた事件であった。資料隊に着任した1988（平成63）年から中国は、経済情勢がバブル化していた。これを抑えるための調整・緊縮政策が実施されたのだが、それによって経済秩序が乱れ、経済環境も悪化し、社会情勢が騒然としていたのである。

私は当時、中央資料隊第2科第1班（中国担当）非軍事係長として内政・経済を担当し、緊縮政策や騒然とした社会情勢をフォローしていた。

1989（平成元）年4月15日、87年に失脚した胡耀邦・元共産党総書記が亡くなり、学生や市民が追悼活動を始めた。やがて、それが言論の自由や腐敗撲滅を求める大規模なデモ、いわゆる「民主化運動」に発展し、彼らは天安門広場に集結、同広場を占拠した。

これに対し、胡耀邦の後任者である趙紫陽・総書記は穏健な対策を指示していたが、4月26日、同総書記の外遊中に『人民日報』が社説「旗幟鮮明に動乱に反対する」を掲載して、強硬策への転換を示唆した。私はこの社説が重要な転機になると判断し、即刻翻訳して『週報』に掲載、配布した。

事態は、「動乱」社説を契機に大きく動き出した。首都の北京市に止まっていたデモが、瞬《また》く間に中国全土へ広がったのだ。10月に建国40周年を迎える中華人民共和国は〝崩壊〟の可能性さえ噂された。私は、「動乱」社説の翻訳に続き、全国のデモ発生状況を地図に展開、その拡大状況も『週報』に掲載、配布した。

騒然とした情勢ではあったが、中国当局、中でも鄧小平・中央軍事委員会主席ら長老指導者は冷静であり、騒乱の根源を絶つべく北京の〝火消し〟、つまり民主化運動の鎮圧を決断していたのである。５月19日、建国以来初めて北京市の要所に戒厳令が敷かれ（解除は翌90年１月10日）、当時の北京軍区だけでなく、他の軍区からも人民解放軍の部隊が進駐してきた。

軍が鎮圧行動に出るのは時間の問題であるようにみえたが、学生・市民らの動きは衰えず、軍の進駐は〝妨害〟されて部隊の配置が滞った。また、戒厳部隊の中核となるべき、首都防衛を担う第38集団軍（２０１７年に第82集団軍と呼称を変更。集団軍は、いくつかの師団を束ねた主力部隊）の指導部内に対立が発生し、当時の徐勤先・軍長（司令官）が出動命令を拒否して解任され、張美遠・副軍長（司令官代理）と王福義・政治委員（政治将校）が部隊を率いて進駐するという異常事態も起きていた。

この〝異変〟は、中国への返還前で批判的な記事も自由に掲載できた香港紙などの報道で明るみに出て、後に事実であることが判明した。

当局側に、こうした問題はあったものの、6月4日の日曜日未明、鎮圧準備を整えた軍の部隊は、天安門広場を制圧目標に行動を開始し、途中で抵抗する学生や民衆を排除、殺傷した。後にロシア革命時代を模して、中国の「血の日曜日」事件、あるいは「六四事案」と称されることになる歴史的な大事件であった。

中国当局は、4月以降の一連の動向を「反革命暴乱」と規定して、武力鎮圧活動を正当化するに至った。つまり、従来の「動乱」であるとの規定を改め、より厳格化したのである。「民主化運動」であるとの学生らの主張を真っ向から否定するものと言ってよい。

武力鎮圧活動の中で、天安門広場に東西双方から入った先述の第38集団軍と、同じ北京軍区隷下の部隊である第27集団軍（２０１７年に廃止）が、広場を挟んで〝対峙〟するような配置となる場面があった。これが香港紙などによって「戒厳部隊間に〝保守派〟と〝民主派〟の対立が生じた」、あるいは「（民主派についた）第27軍の軍長は、軍の長老である楊尚昆・中央軍事委員会副主席の息子。軍の分裂は、そこまで深刻だ」などと報じられたが、いずれも誤情報であった。第38集団軍と第27集団軍が〝対峙〟しているような配置となったのは、天安門広場にいる学生や市民を挟み撃ちにするためであった。

我が班の軍事担当者は、北京に進駐した人民解放軍部隊の動きをほぼ正確に掌握しており、私も冷静に事態の推移をフォローすることができた。6月9日、鄧小平ら長老指導者が公に姿を現して戒厳部隊将兵を慰労し、同23日には共産党の会議で、武力鎮圧に反対した趙紫陽総書記が解任された。後任の総書記には、上海市党委員会書記であった江沢民・政治局委員が就任した。

翌7月、我が班の総力をあげた『週報・天安門事件特集号』が発行された。同事件の最中は、休日出勤もあったし、寝袋を持参して職場に泊まることもあった。当時まだ駆け出しの若年尉官（27歳、2等陸尉）であった私だが、天安門事件への対処の中で多くの事を学ばせてもらった。

台湾海峡危機への対処

1994（平成6）年、私は中央資料隊第2科第1班、つまり中国班の班長に「上番」（自衛隊用語で、就任の意）した。就任時、弱冠32歳の1等陸尉だった。調査学校の恩師であった当時のM科長が、私の力量不足を補うために班員を増やしたことで、中国班は10人もの大所帯になっていた。私は、着任したばかりの4人の新人教育を行う一方で、5人のベテラン班員の指導・慰撫に務めなければならず、班の管理・運営に四苦八苦したことを記憶している。

ちょうどその頃、上から、長期勤務者の異動を促す指示が出た。自衛隊では2～3年で転勤するのが普通だが、資料隊には10年以上同じ職場にいる者が珍しくなかった。私はベテランの班員全員に異動打診を行い、最終的には1人を除いて転勤が実現した。同時に、長期勤務者を異動させる方針は、班長就任時で既に在勤6年となっていた私自身にも、あてはまることであり、それが後に陸上自衛隊を出て防衛庁情報本部へ移る〝下地〟ともなった。

班長になって1年が経過。1995（平成7）年は『中国軍事便覧』上下2分冊（非軍事編、軍事編）の改訂・発行を準備する年であった。先に述べた日々の恒常業務に加え、4年に1度の特別な仕事を行う時期であった。その『便覧』の項目決裁が終わって記述の段階に入った頃、中台関係に波風が立ってきた。

同年６月、台湾の李登輝総統が、母校コーネル大学の同窓会出席を名目に米国を訪問した。あくまで「学術交流」の一環であり、非公式の私的な訪問とされ、クリントン政権が訪米を承認したのである。これに対し、中国側は「祖国を分裂させる活動」として猛反発、軍事交流を含め米国との交流を相次いで停止した。米中関係、中台関係は悪化していった。

さらに中国は、７月から８月にかけて人民解放軍の第２砲兵部隊（ミサイル部隊のことで２０１５年末、「ロケット軍」に改称）による台湾近海への弾道ミサイル発射演習を実施した。11月には台湾対岸の南京軍区・福建省地域で、上陸作戦を想定した陸海空３軍の合同演習も行った。

翌年３月には、台湾で初の総統直接選挙が予定されており、現職の李登輝総統は国民党の有力な候補者であり、その当選阻止を狙って、中国は「文攻武嚇」（言葉による非難攻撃と武力による威嚇、恫喝）政策を一層強めたのである。

こうしたあわただしい状況の中で、我が班は、『便覧』完成のための記述作業を進めていった。班長である私は、班員の作業進捗状況を監督・激励しつつ、『便覧』巻末に掲載すべく『鄧小平文選』の抄訳と年表作成を行っていた。

1996（平成8）年に入ると、台湾海峡をめぐる情勢はさらに緊張を増していった。1月早々、防衛庁から中国に派遣されていた防衛駐在官（初の航空自衛官だった）が、米国の武官とともに中国沿岸の「軍事禁区」（軍の立ち入り禁止区域）に立ち入ったことを理由に国外退去を命じられた。前年から活発化していた軍の活動を秘匿するため、中国側がとった防諜・保全活動強化措置の一環だった。

中国は3月5日、弾道ミサイルの発射訓練のため、8〜15日に台湾の北方（基隆沖）と南方（高雄沖）に区域を定め、同区域の海域、空域における船舶・航空機の運航停止・回避を呼びかけた。そして、人民解放軍の第2砲兵部隊が8日に3発、13日に1発のミサイルを同区域に撃ち込んだ。

さらに中国は、3月23日の台湾総統選挙をはさんで、やはり時期と区域を指定すると海軍・空軍の実弾発射演習（12〜20日に広東省と福建省の島嶼部）、陸海空3軍の合同演習（18〜25日に福建省島嶼部、ただし悪天候で一部中止）を相次いで行った。これら一連の演習を「海峡961」と総称するのだが、台湾に圧力をかけて動揺を誘おうとした中国側の思惑は外れた。台湾総統選挙は予定通り実施され、李登輝が当選したのである。

私は、『便覧』完成を図りつつ、中国側の発表に基づき、大型地図に中国軍の活動区域と、分かる限りの部隊配置をプロットして「中台関係状況図」を作成、日々更新していた。

そうした中、「中国軍が武力威嚇の効果を上げるため、台湾領の小島（中国本土に近い金門、馬祖周辺には多数の島が点在）に上陸、ここを占拠するため住民に対し、時限と場所を示して退避を命ずる拡声器放送を行っている」との未確認情報が入ってきた。これが事実なら、中国が台湾の領土に侵攻して占領するケースとなり、大規模な軍事衝突に発展する可能性も高まる。

もしそうなれば、台湾は戒厳令の復活を余儀なくされ、「中国史上初の民選選挙」は台無しとなって台湾の内政が不安定化、台湾海峡危機はクライマックスを迎えると私は感じた。しかし、実際には何も起こらなかった。というのも、「中国軍が台湾の島に上陸する」という情報は、台湾側が、中国側の通常の宣伝放送を誤解した結果、生まれた誤情報だったからである。

緊張が高まれば高まる程、玉石混交、真偽取り交ぜた情報が乱れ飛ぶのは、世の常である。重要なのは、その中から、「玉」と「石」を見分ける冷静な判断力を養うことであろう。台湾海峡危機に際しても、その点が我々、情報活動に携わる者にとって「基本中の基本」であることを改めて痛感した。

中央資料隊勤務最後の日々

1995(平成7)年、台湾海峡危機などへの対応に忙殺されていた頃、上司の科長から陸海空各自衛隊の垣根を越えて新設される構想があった情報機関「防衛庁情報本部」への異動を打診された。当初は断っていた私であるが、陸幕調査部支援という名の〝使役〟というか、下請けのような業務に辟易していたのと同時に、「長期間勤務」のベテラン班員を異動させるのであれば班長である私も例外ではないと考え、異動を前向きに考える意向を伝えていた。

この段階までは好意的な打診であり、情報本部の設置もまだ先の話であった。ところが同年夏、科長が突然交代して雲行きが変わった。前任のM科長は、同じ中国語専攻(自衛隊用語で「中華民族」という)ということもあり馬が合ったが、後任のK科長(韓国語専攻のいわゆる「朝鮮族」)には馴染めなかった。

K科長は、私の異動について慰留するどころか、私を〝煙たい存在〟として排除すべく異動の話を進めていった。また、我々の中核業務の一つ、『中国軍事便覧』についても、班長である私が説明して一旦は了解した記述を、後で部下の班員をこっそりと呼び付けて訂正させるといったことも行っていた。

私の心は、自分を育ててくれた中央資料隊第２科から次第に離れていった。そんな私の異動を決定付けたのが、着任したばかりの陸幕調査部担当幕僚Ｗ（後に防大出の同期と判明）の存在だった。彼が情報分野勤務は初めてと知り、懇切丁寧な「支援」を行ったつもりだったが、班長自ら〝御用聞き〟（情報要求の聴取）に廻るまでの必要はないと、たかをくくっていた。それが不満だったのか、Ｗは市ヶ谷に移転したばかりの中央資料隊第２科の執務室に乗り込んでくると、「貴様、俺の了解もなく新設の情報本部に異動するそうだが、それは裏切り者のやる事だ。陸自から出ていくなら、さっさと出ていけ」との暴言を吐いた。私は怒りで真っ赤になり、無言でその場を離れた。あの一言は今でも忘れることができない。

「裏切り者」発言については、少し補足する必要があるだろう。自衛隊は、戦前の軍隊ほどではないにしても、縦割り意識の強い組織である。同じ自衛隊内であるとは言え、陸上自衛隊を出ていくことは、仲間を〝裏切る〟行為である、そのように見られたのかもしれない。

　しかも、情報本部の設置に伴って、陸自の中央資料隊は規模、機能が縮小される。それまで、公刊された資料を組織的に翻訳、収集する分野では、「日本最大の情報組織」と認められた存在であったが、その看板も、情報本部に付け替えられることになる。陸上自衛隊に残る者が、複雑な心境であったことは間違いない。

　1997（平成9）年1月20日、私は約9年間の陸自中央資料隊勤務を離れ、防衛庁統合幕僚会議に新設された情報本部分析部へ異動した。

第4章　防衛省情報本部の日々（1997年〜2012年）

「日本最大の情報機関」誕生

私は、情報本部が設置された１９９７（平成9）年1月から、２０１２（平成24）年末まで15年余の長きにわたり、同本部に在籍した。情報本部（ＤＩＨ）は、日本語表記より、英語の「Defense Intelligence Headquarters」の方が、より実態を表しているといえる。

当初は、統合幕僚会議の組織として発足したが、２００６（平成18）年3月、防衛庁長官の直轄組織へ改編された。さらに翌年、防衛省の発足に伴い、防衛大臣の直轄機関となった。

「日本最大の情報機関」となる情報本部の設置は、それまで、陸海空各自衛隊や、統合幕僚会議、さらに文官（自衛官でない、いわゆる背広組の職員）主体の内局などにそれぞれあった、調査部（課、隊）や資料隊（陸自中央資料隊はその一つ）などの情報組織を再編し、従来、個々に収集していた情報を防衛庁として極力一元化、共有することが主な狙いだった。つまり、情報本部の新設は、縦割り組織による〝弊害〟を打破し、全体の情報機能を効率化、強化することを意図したものであった。当時、情報本部を特集した雑誌は、次のように記している。

「各幕（各自衛隊）がそれぞれ独自に、電波、画像、公刊物情報、さらに諸外国に派遣された〝身内出身〟の防衛駐在官から情報を入手しようとする結果、当然ながら横の連絡は不十分で、外国の国防報告を各組織別々に翻訳配布したり、他組織への情報を出し渋ったりするなど、非効率と連携の悪さが指摘されてきた」（『選択』１９９７年５月号１２７頁）
「（各自衛隊にあった）情報組織を整理・再編し、防衛庁全体の情報機能を効率化して向上させるのが主たる目的だった。また、しかるべき組織と地位を与えることで、優秀な情報専門官を育てていくことも狙いの一つだった」（『Foresight』１９９８年12月号１０７頁）

情報本部は、職員構成の面でもユニークな組織であった。すなわち、組織のトップから末端に至るまで自衛官ら制服組（Uniform　Uと略）と、文官の背広組（Civilian　Cと略）が一緒に勤務する「UC混合」体制となった。これだけ大規模な「UC混合」組織は、防衛省初と言ってよい。

初代本部長には國見昌弘陸将（元中国防衛駐在官で陸幕調査部長も経験、名古屋の第10師団長から異動）、副本部長には守屋武昌・防衛審議官（後の防衛事務次官）が起用された。

当初、同本部は総務、計画、分析、画像、電波の５部で構成され、職員数約１６００人とされた。その大半の約１３００人（通信所要員１０００人を含む）を占めたのが電波部である。その前身は「調別」の呼称で知られた陸幕調査部第２課調査別室で、全国６か所の通信所とともに情報本部に組み込まれた。

画像部（後に画像・地理部）は、人工衛星が取得した画像の解析を担当、総務部と計画部は本部の事務方機能を果たす組織であった。

私が在籍した分析部は、「主に諸外国の新聞、雑誌、インターネットなどの公刊資料から情報を収集すると同時に、国内外の政府・民間関係者との意見交換等からもたらされる交換情報のほか、電波情報、画像情報といった、情報本部の他の部門が収集するあらゆる情報源（オールソース）から得た情報を総合して分析する」（情報本部ＨＰより）組織である。発足当初の陣容は、「８課１２０人体制」と報じられた。その中で、私が所属したのは、中国、台湾、モンゴルを担当する課であった。

分析部はその後、世界情勢の変化に合わせ、中東・アフリカを担当する課が独立したり、テロを担当する課が新設されて課の数が増え、部のスタッフもかなり増員されたようである。

情報本部では、分析部以外でも要員が順次増強され、本部全体では現在、２３００～

2500人まで拡充されているという。また、2006（平成18）年、統合幕僚会議の統合幕僚監部への改編に合わせて、その情報支援を主管する「統合情報部」が新設されるなど、発足当初に比べ組織も拡大している。

「ないない尽くし」の中の船出

1997（平成9）年1月、できたばかりの分析部に顔を出した私は驚いた。仕事に必要なものが、ほとんど何もなかったからである。執務用の机と椅子、電話はあったが、それが全てだった。我々にとっては〝商売道具〟ともいえるパソコンなどの電子機器はもちろん、ノートや鉛筆といった文房具さえ用意されていなかった。立派な組織は一応出来たものの、細部の準備が間に合わなかったのである。

「何が情報本部だ。こんな状況では、まともな分析などできるわけがない」と私はぼやいた。しかし、分析部の〝インフラ〟が整っていなくても、国際情勢は動きを止めてくれない。私の持ち場である中国にしても、最高実力者・鄧小平の重病、危篤説が流れ、香港の中国返還も間近に迫っていた。このため分析部は、発足式典（1月20日）の翌日から分析資料の作成を求められた。私は、「とにかく成果を出せ」と迫られているようなプレッシャーを感じた。武器や補給なしに「戦え」と命じられているようなものであった。

窮余の策として私は、前職場である中央資料隊から私物のパソコンやプリンターを持ち込んで分析資料の作成に取り掛かった。文房具は、情報本部に組織ごと加わり、従って〝備蓄〟の豊富な電波部に掛け合って分けてもらい、台車で分析部まで運んだ記憶がある。さらに新設の分析部には、データベースの蓄積もなかったため、発足当初、私が作成した分析資料は、残念ながら、邦字紙に載った中国関連記事の〝再解説〟程度のものでしかなかった。新味のあるコメントを付与しようにも、裏付けとなる手持ちの情報がなかったのである。

分析部は、「ないない尽くし」の中での船出となった。当時の状況について、雑誌『選択』は、『情報本部はがらんどうのインテリジェンスビル』の声も聞こえる」と指摘し、次のように記している。

「豪勢な建物ができた。紙の上の組織も立派。だが、内実となると旧態依然というのだ。

（どの部署が何階にあるのかさえ教えず）記者団に剣突を食らわせたのも、『見せるほどのものがないことが防衛上の秘密なんだ』と解説する幹部がいる」（同誌、１９９７年5月号１２９頁）

分析部発足時の状況について言えば、雑誌『選択』の指摘は、「当たらずと言えども遠からず」だったように思う。

情報専門官ながら「分析官」扱い

「（中国を担当する課の）資料班戦力組成係」、別名「ＯＢ（Order of Battle）係」。それが、分析部における私の最初の肩書であった。中国人民解放軍の「戦闘序列」、すなわち部隊編成や配置などについての情報収集が主な任務である。情報本部への異動に際しては、念願の「分析官」（アナリスト）就任も予想したが、実際には中央資料隊時代と同様、内外の資料を収集・処理する資料班の「情報専門官」からスタートした。

ただし、上司である主任分析官から、「採用枠の関係で、分析官の肩書をつけることは出来ないが、君は情報部隊に勤務した経験もある。業務はこっちでやってもらいたい」と言われ、分析官の〝シマ〟に移った。つまり、情報専門官でありながら、分析官扱いとされたのである。

情報専門官の仕事であれば、中央資料隊で培った手法を変えることなく、仕事を進めることが出来るので自信を持っていたが、異動当初、分析官の業務、つまり収集した資料やデータなどにコメントを付けることには躊躇せざるをえなかった。中央資料隊では、そうした経験がなかったからである。それをやるのは、上級組織である陸幕調査部の担当幕僚だった。

そこで私は、分析の手法を上司や同僚から教えてもらい、徐々に慣れていった。最初の頃、私が作成した分析資料は、主任分析官や課長によって、いつも赤ペンで直され、原文がほとんど残らないほど真っ赤になって戻ってきた。修正に次ぐ修正を経てようやく決済となり、情報本部の分析資料として発刊される運びとなる。こうした〝家内制工業〟的な作業を継続する中で、私は分析手法をなんとか身に付けることが出来た。

鄧小平死去への対処

中国の最高実力者・鄧小平が死去したのは１９９７（平成９）年２月であったが、同年初から連日のように重病・危篤説が流れていた。ちょうど、中央資料隊から情報本部に異動する前後であり、私は、その準備をしながら、かつての毛沢東死去（１９７６年９月）前後の状況や「ポスト鄧小平」の見通しを処理する等、目の回るような忙しさであった。

情報本部への異動後も、環境がほとんど整わない中で分析業務を開始した。私は中央資料隊での経験から、①人民解放軍、武装警察、普通の警察の動向に異常が見られないこと、②要人の外遊が普通に行われていることなどから、鄧小平は危篤状態にあるものの、直ぐには亡くならない、と新しい同僚たちに説明していた。

２月19日、そうした一連の経緯をまとめ、「ポスト鄧小平」を見通した統幕議長への報告が行われ、私はそれを「支援」した。併せて、鄧小平が死亡した場合の準備原稿も作成した。その晩は報告の打ち上げを兼ねた、課の発足宴会が行われ、私も痛飲したことを覚えている。最終電車で埼玉の自宅に帰って就寝したところ、20日未明、中央資料隊の当直に就いていた元同僚から「鄧小平死去」の一報が入り、しばらくして新職場からも電話呼集が入った。

しかし、移動の手段がない。二日酔いのまま私は、始発の埼京線を待って市ヶ谷の職場に出勤し、状況把握に努めた。

「すぐには亡くならない」という私の見立ては、過去に鄧小平死亡説が流れる度に情報を処理した経験から、童話の〝オオカミ少年〟のような状況に引きずられたのかもしれない。つまり、「また危篤だ、死亡だと言っているが、今回も誤情報に違いない」という思い込みがあったためだ。異動直後で、情報収集に大きなハンディキャップはあったが、結果として事態の推移をつかみきれず、貴重な「失敗の教訓」となった。

香港返還とＶＩＰ報告

既に述べたように、私は情報本部に異動後、「情報専門官」でありながら、「分析官」の扱いを受けて仕事をした。外部の人には違いが分かりにくいだろうが、統合幕僚会議などで情勢報告を行うのは分析官であり、情報専門官、つまり資料班のスタッフには、「表舞台に出るのは分析官。我々はサポート役であり日陰者だ」との意識があったことは否めず、私に対する風当たりも強かった。

こうした中で、分析官扱いだった私は、１９９７（平成９）年７月１日の歴史的な中国への香港返還を前に、統幕議長に対する情勢報告を命じられた。報告実施に際しては大綱（骨子）指導・決裁、項目指導・決裁、内容指導・決裁が行われた。

私にとって初めての「ＶＩＰ報告」であり、無我夢中で発表原稿を作成した。その細部はよく覚えていないが、返還後の香港を軍事的な観点から分析し、①良港として海軍艦艇の停泊地（錨地）となり、南部の広州軍区、海軍南海艦隊に利点を与えること、②ビルの谷間にあり、世界一着陸が難しいといわれたカイタック空港にかわり、新たに建設中のチェクラップコク空港（１９９８年７月に開業した現在の国際空港）は３８００メートルの滑走路を２本整備しており、軍用機の離着陸が可能になること、③返還に合わせて進駐する人民解放軍の香港駐留部隊は、香港警察の後ろ盾として暴動対処など治安機能を果たせること等を報告したと記憶している。

分析官がみたＳＡＲＳ騒動

２００３（平成15）年３月20日、イラク戦争開戦の日に、それまで情報専門官であった私は分析官に正式任命された。中国、台湾、モンゴルを担当する我が課には、文官である主任分析官以外に、陸海空各自衛隊出身者各１名の分析官がいた。私は、分析部配属以来６年がかりで陸上自衛隊枠の分析官となった。

私が担当する中国では、前年９月の中国共産党大会で党総書記が江沢民から胡錦涛へ交代し、新たな指導体制が発足していた。

そんな中、党大会閉幕後の11月から中国南部の広東省で奇妙な病気が蔓延しつつあった。その病気に罹《かか》った患者は一見、インフルエンザに似た症状となり、38度以上の高熱を発し、乾いた咳が出て呼吸困難、息切れの状況に陥ったが、通常の治療は全く効かず死亡者が相次いでいた。

このナゾの感染症は、後にＷＨＯ（世界保健機関）がＳＡＲＳ（Severe Acute Respiratory Syndrome　重症急性呼吸器症候群）と命名。原因不明で感染力が強かったこと、また蔓延し始めたのが、イラク情勢をめぐり緊張の高まる時期と重なったことから、「バイオテロではないか」との憶測まで流れ、世界は一時、パニック状態に陥った。

朝日新聞の記事データベースによると、「ＳＡＲＳ」が初めて紙面に登場した２００３年３月24日から、事態が峠を越した６月末までの間、「ＳＡＲＳ」という言葉で検索すると、実に２４７５件もの「ヒット」がある。一日平均25件、ピーク時には実に一日70本もの関連記事が掲載されており、当時の騒ぎの大きさがわかる。

ＳＡＲＳの発生源である中国は当初、情報を内外に公開せず、逆に隠蔽した。中国が情報開示に消極的であったことが、ＳＡＲＳを世界に拡散させたと言ってよい。それまで中国広東省にとどまっていたＳＡＲＳは、２月末以降、香港、ベトナム、さらにインドネシア、カナダなどに広がった。３月15日、たまりかねたＷＨＯは、「旅行者を通して感染がさらに広がる恐れがある」として、異例の警告を出した。それでも、感染の拡大が続いたため、ＷＨＯは４月、中国の北京市・広東省・山西省、香港、カナダ・トロントへの渡航延期勧告を出した。前代未聞の異常事態といってよいだろう。

ここまで事態が悪化した背景には、胡錦涛体制発足となった党大会、それに続く全人代会議開催の影響があったと私は分析している。すなわち中国当局は、ＳＡＲＳ流行情報の公開とＷＨＯへの報告を行った場合、３月の全人代会議に合わせて首都・北京に集まる約３０００人の代表や、同会議を報道する多数の内外メディア関係者、北京市民、観光客等の間で起きるパニック状態、それを契機とする社会治安秩序の混乱、ひいてはＳＡＲＳへの対応遅延を理由にした胡錦涛新体制への批判・非難を恐れたのである。

中国当局が、ＳＡＲＳ対策のために重い腰を上げたのは、全人代会議終了後の４月に入ってからであり、中国当局が受け入れを渋り続けてきたＷＨＯの専門家による現地調査が実現したのも、４月３日であった。

中国当局が、重い腰をあげる一つのきっかけとなったのは、北京市内の３０１医院（軍病院）に勤務していた軍医・蒋彦永の告発であった。このベテラン軍医は、３０１医院におけるＳＡＲＳ症例の過少報告の実態を海外メディアに暴露したのである。

しかし、７月の事態鎮静化までの期間、中国当局から反省や陳謝の言葉は少なく、ＳＡＲＳ対応への遅れを理由に詰め腹を切らされたのは若手の孟学農・北京市長（当時54歳。後任は王岐山・海南省党委書記で、後に中国のトップ指導者「チャイナセブン」の一人となる）と張文康・衛生部長（衛生大臣、江沢民の主治医）だけだった。

大きな騒ぎとなる以前から追跡し続けたＳＡＲＳへの「対処」について、情報本部の初代副本部長で、２００３（平成15）年8月に防衛事務次官となる守屋武昌氏は、著書の中で次のように記している。ちなみに、守屋次官へのＳＡＲＳ分析資料は私が作成、当時も「独自の視点に基づいた、有意義な分析」と評価していただいた。

「情報本部の発足に際して国見本部長と話し合ったのは、スパイという非合法な手段での情報収集が禁じられている日本で、どのように国の安全保障に必要な情報を収集・分析・評価し、政府全体の活動に役立てるかだった。

（中略）そこで考えたのは、海外で公刊されている新聞・放送、加えてインターネット発の情報を収集し、国別に政治・経済・社会などのジャンルごとに整理し、定期的に動向を見る手法だった。

このために・・・調査対象としている国々の担当者にその国力・国情をどう見るか、レポートを提出させることを励行した。分析能力については、その担当者の作成したレポートを情報本部内での集団討議に付して精度を上げていった。その繰り返しを継続することが蓄積に繋がり、日本ならではの情報の価値を高めることができると考えたのである。

この手法で培った情報は90年代後半から始まった北朝鮮の弾道ミサイル開発、２００３

年の中国・北京におけるＳＡＲＳ流行の分析・・・など様々な方面で役立っている」（『日本防衛秘録』、新潮文庫、２０１６年刊、３１７～８頁）

このＳＡＲＳ事案の発生から16年後、中国を発生源とする新型コロナウイルス（ＣＯＶＩＤ―１９）感染症が再び発生した。今回の発生源は中国内陸部に位置する湖北省の武漢市。２０１９（令和元）年12月から武漢市内の病院には原因不明の肺炎患者が続々と運び込まれ、北京や武漢の専門家も参加して対策会議が開かれており、ＳＡＲＳの教訓からＷＨＯの中国事務所にも報告されていた。しかし、同時期、①２０２０（令和２）年３月の全人代会議は予定どおり開催と決定（２月、５月への開催延期を決定）、②同年１月早々、疾病対策指示を出しながら、予定どおり習近平国家主席はミャンマー外遊に出発、帰路には雲南省に立ち寄って旧正月祝賀を実施、③習主席外遊中はトップ代行業務を務めた李克強首相まで青海省を訪れて旧正月祝賀を実施するという「平時」の対応を中国指導部はとっており、またも対応が遅すぎたのだ。新型コロナ発生から既に数週間が経過した１月20日、北京に帰朝した習近平国家主席が新型コロナの発生を重視し、全力を挙げて拡大を阻止するという重要指示をやっと出した。これを受けて１月23日午前、武漢市の地下鉄、航空便、高速鉄道など公共交通の運行・運航が停止し、高速道路の料金所も閉鎖され、民衆の移動も制限されて「ロックダウン」（都市封鎖）が断行された。４月８日の封鎖解除まで中国は、感染源である武漢市を物理的に中国内外から切り離す「荒業」に出た。その手法は「ゼロ・コロナ」政策と喧伝されたが、中国から新規感染者が「ゼロ」になることはなかった。むしろ２０２２（令和４）年に入ってオミクロンという変異株の出現で中国最大の経済都市である上海市などでも「ロックダウン」措置がとられ、経済減速を招くことになったのである。

「情報交流」最前線

分析部は現在、「オシント」（公刊情報）と並んで国内外の情報関係者との意見交換等からもたらされる「交換情報」の収集・分析に力を入れているとされ、後者が重要な位置付けになってきたことが伺える。しかし、私が在籍した頃には「交換情報」などという言葉は使われておらず、普通に「情報交流」を行っていたにすぎない。私は主として米国との情報交流に参加し、隔年で５回訪米した。カウンターパートは米国防省隷下の国防情報局

（ＤＩＡ）の中国担当者であった。米ＤＩＡとの交流は、毎回テーマを決めて「ブリーフ」情勢報告を互いに実施する形で進められ、中国軍最高幹部の人事予測や、陸海空軍の近代化動向についての共同研究も行った。特に中国共産党中央軍事委員会の人事予測は重要なテーマだったが、的中確率は5割程度にとどまり、米国も、こうした分野では確固たる情報は有していないと私は感じた。ある訪米時、英語通訳を介してＤＩＡの女性分析官と議論していたが、熱中し過ぎて通訳を介さず、互いに中国語を使って「闘論」したことがあった。情報交流の閉幕式典で、この「中国語会話」のエピソードが披露されて、日米両国の参加者から称賛を浴びたこともあった。他方、西側諸国との交流は豪州だけであり、残念ながら欧州、ロシアとは全く縁がなかった。

しかし、アジア方面のインド、ベトナムとの情報交流はエキサイティングなものとなった。それは時期的には、２００１年の「９・１１」米国中枢同時多発テロの直後であり、本来なら行くべき担当分析官（妻帯者）が「こんな危険な時に海外出張なんて行きたくない」と上司に直訴して、同年4月に離婚して独身に戻っていた私に白羽の矢が当たった。「こんなチャンスは二度とない」と私は内心ワクワクしていた。全く能天気なB型人間だ。さらに、地域的にはベトナムが東南アジアにおける、インドが南西アジアにおける、それぞれ中国のライバル国家であることから、分析官として私は、両国の対中認識を直に知りたかったからだ。

しかし、ハノイ入りした私たち一行は、最初から爆笑エピソードに遭遇した。

空港から前方を走るＶＩＰ車両が橋のたもとで急停車したため「すわテロ対処か」と後続車両の私たちは色めき立った。しかし、内実は違った。車内の会話で日本企業の「味の素」が話題になったが、これが誤訳されて「橋の元（に止まれ）」と運転手に伝わったためだという。

逗留先のハノイでは中国に気を使う空気が蔓延しており、私たち一行を受け入れながらベトナム側は、その存在を必死に打ち消そうとする姿勢が伺えた。情報交流の場は確かホテルの一室であり、内容も突っ込んだものにはならなかった。ベトナム側ＶＩＰへの表敬訪問や、続く歓迎会は夜間に行われ、場所は軍の施設に急造した宴会場だった。歓迎会は私たち一行のみ、トイレに行くにしても、まるで「幽霊屋敷」のような薄暗い施設の中を歩く感じだった。日本への帰国後、同時期に中国政府代表団がハノイに滞在していたと判明し、神経質にさえ感じたベトナム側の姿勢に納得はしたが、かつて１９７９（昭和54）年の中越戦争では、侵攻した中国を撃退した「アジアの雄」の姿勢が滑稽にもみえた。

インドへの旅程は長かった。当時はハノイからニューデリーへの直行便が無く、タイのバンコク経由でインドへ向かった。トランジットのバンコクで「搭乗便に爆弾を仕掛けた」という脅迫電話が入り航空機の安全点検のため飛行遅延。ハノイを早朝出発しながら、バンコクを発ったのは夕方、ニューデリーに着いたのは深夜だった。途中でひたすら就寝・休憩したといっても、インド洋上空数百キロのフライト体験で私はクタクタだった。しかし、情報交流を通じて私はインドへの見方を変えることになった。全く目から鱗が落ちるという経験となったのだ。近年、日本ではインドを巻き込んだ安保構想「QUAD」とか、日印軍事交流推進を唱える主張がかまびすしい。しかし、インドは南西アジアに位置しながら東方のアジア太平洋地域にも、西方の中東湾岸地域、欧州方面にも目配りしている地域大国である。そして、インドでは対中国というより、隣国のパキスタン（イスラム国家）に対する警戒心が強く、「9・11」直後という時期もあって、インド側の情勢報告は対テロ戦略だった。ただし、ベトナムとの交流とは全く異なり、私の中国情勢ブリーフにもインド人担当者は積極的に耳を傾け、中国の空挺軍、海軍陸戦隊などの戦力投射能力について意見交換することが出来た。交流後のコーヒーブレイクで「インドは一貫して民主主義国家だ。パキスタンとは異なり、クーデターによる政権交代の経験はない」と自慢気に語るインド人に接して私は「こりゃあ中国人も米国人も扱いにくい奴らだな。傲慢にもみえるプライドの高さは鼻につく」と感じつつ、「確かにインドにクーデターはないが、政界名門のガンジー一族はほとんどテロで亡くなっているではないか」とも思った。そして、日本人は「未来の超大国」であるインドに決して幻想を抱いてはならず、冷静かつ慎重に対処する必要があると感じた。

他方、ベトナム滞在とは異なり、私は最後の最後で苦痛のエピソードをインドで体験した。「インドではサラダとかフルーツとか決して口にするな」という警告を無視して、大事なブリーフ当日の朝に私は、滞在先のホテルの食堂でフルーツを一片食べてしまった。結局、持参した正露丸を一瓶全て飲んだが、「インド下痢」には全く役に立たなかった。ブリーフ直前までインド側施設のトイレに籠っていて七転八倒だったのである。

中国との闘い

実は中国との情報交流も２回経験し、独自の中国出張も含めると３回公務で訪中した。

最初の交流はＶＩＰへの随行であり、「通訳」を担当させられた上に、会計やギフト運搬など「カバン持ち」（ロジ担）までが任務となった。年明けの寒い時期の訪中であり、北京市内の川は凍てついていた。中国側の歓迎会が終わって、翌日の準備をしているとホテルの部屋の電話が鳴る。受話器を取ると早口の中国語が耳に入り意味不明、私が黙っていると今度は英語で「Ｄｏ Ｙｏｕ Ｌｉｋｅ Ｂｏｙ?」ときた。男娼紹介の内線電話だった。私はすぐにベッドから飛び起きてトランクを入り口のドアの前に置いた。「侵入者」阻止のためである。

北京での情報交流は、向こうの情報部門の招待所のような施設で行われた。本当の施設か否かは分からなかった。恐らく急造した施設であろう。ベトナムのハノイで経験したように、勤務する人間の存在や暖房などの火の気を全く感じなかったのだ。そして、驚いたのが中国側の「通訳」だった。訪中前に日本で調整した中国大使館の相手が制服を着て現れたのだ。こちらも当然制服。互いに相手の格好を見て苦笑した。日本における調整の際は互いに身分を偽装して「文官」（事務官）のように平服で会っていたからだ。実態はともに情報部門所属の軍人（少佐）だった。

翌日、北京から南方の広東省広州市へ飛行機で移動し、当時の広州軍区隷下特殊部隊の見学となった。部隊説明も訓練展示も野外で行われ、装備展示は無く「硬気功」など隊員の格闘訓練だけがあった。さらに、広州駅から直通列車で香港入りした。途中、中国側の停車駅はどこも薄暗く不気味だったのに、深圳市を経て香港に近付くにつれて明度が増していった。香港駅は目映く輝き、目が痛いくらいだったのを覚えている。

２回目の情報交流もＶＩＰ随行、内陸部視察だった。今回の交流では前回の交流とは異なり、専門の通訳が随行し、私はひたすら「サブスタンス担当」（サブ担、ロジ担とは違いブリーフや意見交換に従事する）に徹した。平服を着た私は、テロリズムの担当者として中国の情報部門と交流した。地方視察は陝西省西安市であり、北京から飛行機で向かい、同地の大雁塔や兵馬俑を見学した。晩は現地の歓迎会、主宰者の軍人（少将）が酔って盛り上がり、楽しい一夜を過ごせた。

翌日は北京にとんぼ返りし、「八一大楼」（国防部の正式な招待所）でＶＩＰ会談に臨席した。その後は、当時の北京軍区隷下特殊部隊の見学だった。数年前の広州軍区特殊部隊とは異なり、ブリーフィングルームにおける部隊紹介に始まり、訓練展示は対テロ模擬戦闘だった。

私ともう一人の随行者はここでＶＩＰ一行と別れて重慶市へ飛行機で向かい、揚子江（長江）の源流を見学した。さらに、重慶市からは飛行機で四川省の省都である成都市に入った。あまり爆笑エピソードのない中国滞在だが、ここでは空港からホテルに向かうバスを乗り間違い途中下車せざるを得なかった。二人でタクシーを拾おうかと思案していると「輪タク」（自転車の引くタクシー）のおじさんがやって来て「早く乗れ」という。私も相棒も初めての経験だったが、ボロい自転車に二人乗りの椅子が付いたワゴンだけの代物である。「トランクはどうするのか」と聞くと「お前らが抱えろ」という。しかし、値段はタクシーの半額でホテル直行というから、私たちは乗車した。すると、このおじさん、細身のくせに凄い勢いで輪タクを走らせ、そのまま車道に入って行った。成都市内の幹線道路で私たちは、トランクと自分らが落ちないように必死に耐えながら、周りの自動車やバスからの好奇の目に晒されてしまった。それでもホテルにはちゃんと着いて料金をボラれることも無かった。

翌日から成都市内を視察したら軍の工場や訓練施設、基地だらけで、同地が内陸部の要衝であると分かった。かつて毛沢東時代、戦略的思考に基づいて中国は沿海地域の「第一線」、中部地域の「第二線」に続く「第三線」となる西南地域に重工業基地を建設し、ここを基盤にして核兵器、弾道ミサイル、航空機、陸戦兵器、船舶など軍事生産基地を新設した。私たちは、その一環を垣間見たのである。だからこれら施設のほとんどが「７７××」など5ケタの番号で表示されており、具体的な名称は秘匿されていたのである。

独自の中国出張は１９９９年10月１日の建国50周年式典の軍事パレード（大閲兵）取材だった。１９８４年の建国35周年以来15年振りに実施される軍事パレードを現地調査したのである。前日の９月30日は晩から降雨となったが当日は朝から快晴となった。私が陣取ったのは日本大使館員の自宅アパートだった。そこからパレードに参加した車両・人員を撮影、記録した。持参したカメラに望遠レンズはなかったが、ほぼ鮮明な写真が撮れて帰国後のＶＩＰ報告に使用できた。その午後には慌ただしく北京空港から内陸部の重慶市へ向かった。空港の待合室で午前の軍事パレードの映像がテレビで流れていたが、行進する軍用車両や軍人の姿を中国人は食い入るように見ていたが、当時の江沢民国家主席の記念演説が始まるとテレビの前から離れて誰も関心を持っていなかった。

「これが、中国の鼓腹撃壌(太平の世の譬え、「帝力焉んぞ我に有らんや」という皇帝は皇帝、民衆は民衆というドライな関係をいう）の世界か」と私は感じた。また、当時の私は中国の旅客機に乗るのは初めてで緊張していたが、同じ飛行機に乗る中国人は搭乗に必死だった。日本流の手荷物制限なんて生ぬるく、奴らは巨大な手荷物、例えば大型絨毯を一巻き持ち込んで通路に平気で放置し、激怒したスチュワーデスがこれを後部から貨物室に投げ入れていた。「重慶行きの飛行機は本当に飛ぶのか」と同行の相棒が心配そうに私に尋ねてきたが結局、2時間遅れで北京を離陸した。ちょうど国慶節休暇で飛行機は満員、地方への臨時便も出て空港管制にも影響があったようだ。

郊外の重慶空港に着いたのは夕方、そこから外務省の現地事務所が手配してくれた車両で重慶市内に2時間かけて向かった。北京市、上海市、天津市に次いで4番目に直轄市となった重慶市は西南地域最大の商工業の中心であり、夜間でも車両や人員が行きかい活気があった。

重慶市はかつて国民党政権の根拠地であった頃に陸戦兵器（大砲、銃や砲弾・銃弾）を生産する工場が存在し、毛沢東時代、これら施設が拡張・改造された。さらに、同地には揚子江（長江）に沿って水上艦艇、潜水艦等を建造する造船所、船舶用エンジン・部品・計器等を製造する工場も建設された。沿海地域から遠く離れた内陸部の重慶市で造船、特に軍艦や潜水艦を建造しているのは奇異にみえるが、実は長江は数千トンの船舶が運航可能なのである。そういった現地事務所の状況説明を聞いてから私たちは、同地に進出している日中合弁企業を見学した。確かトラックやオートバイを共同生産する企業で「労働者は工具とか設計図とか平気で持ち帰ってしまう」と嘆きながら「中国人は中国人に管理させますし、当然ペナルティーも課します」とし、「設計図を持ち帰って何処かで生産するにしても、１００％再現は出来ない」と自信を持って語る日本人工場長の姿に感動した。

そして、同地で私たちの送迎を最初から担当したのがドライバーのおじさんだった。公式・非公式とＴＰＯを理解し、企業見学には制帽をかぶって背広姿、その他視察には普通の格好で接してくれた。私たちは、この人を気に入り御礼のチップをはずんだ。ところが、いざ重慶を発つ朝、彼がいつまで経ってもホテルに現れない。フライトの時間は決まっているからヤキモキしていると、見慣れたワゴンがやって来た。下りて来たドライバーの姿を見て私は仰天した。制帽をかぶって背広を着たおばさんだったのだ。そこへ私服のおじさんが恥ずかしそうに現れ、「すいません、チップをたくさん頂いたんで今日は娘と食事に行きます。代わりにカミさんが空港まで皆さんを送ります」と言う。爆笑、というか微笑ましいエピソードだった。

最終目的地は広東省広州市である。北京から内陸部の重慶市へ数百キロ移動し、そこから今度はまた数百キロ移動して沿海地方の広東省へ。私も相棒も疲労困憊だった。しかし、広州市には知り合いの領事館員（防衛省から出向のＹ事務官）がいて、私たち一行をよく相手してくれた。総領事館の状況説明を聞いてから私たちは、孫文ゆかりの「黄埔軍官（軍事幹部）学校」跡地を見学した。孫文の遺言である「革命未だならず」が見学コースに掲示されていたが、後から作られた物だという。そして、ここには国防教育用の訓練施設が併設されていて、先ずは射撃体験を行った。ロシア製の小銃カラシニコフは、私のように射撃が下手な人間でも扱いやすく、射的の中心にあてることが出来た。次は水陸両用車の搭乗体験。装軌車両なので安定感がよく、施設内の池も進んだ。操縦するおじさんが、Ｙ事務官に対し「平日遊んでるこいつら一体何だ」と聞いていたが、「台湾から来た華僑の商人だ」と答えていて私は思わず笑って、Ｙ君を小突いてしまった。その晩は歓迎会。Ｙ君は、日本ではあまり味わえない湖南料理の飲食店に連れて行ってくれて「毛沢東の大好物だった豚肉の味噌煮込みをどうぞ」と勧めてくれた。しかし、私たちのテーブル横には「ＢｕｄＷｉｓｅｒ」のロゴ入りのコスチュームを付けた「バドガール」が酌婦として控え、そのギャップも感じたものである。

以上、中国との交流について述べてきたが、中国各地で爆笑エピソードが少ないのには理由があった。ＶＩＰに対する随行は当たり前として、私たちの地方視察にも中国の「随行員」が常に張り付いていたからだ。しかも彼らは、わざわざ北京から影のように付いいて回っていた。私自身が気付いたのは内陸部の重慶市、成都市のホテルだった。彼らは、私たちの面前を堂々と横切り「変な行動はとるなよ」と警告しているようだった。だから各地でトラブルもない。赤い一般旅券ではなく、緑の公用旅券を保持して中国の地方視察に出るのだから私たちは大いに目立っていたと思う。近年、中国大陸の各地で邦人の身柄拘束が頻発しているが、外国人の行動を監視する部門が中央だけでなく地方にも存在し、彼らの「点数稼ぎ」成果報告になっている事実を忘れてはならないと思う。

私にとって最後の情報交流はモンゴルが相手だった。休職明けで職場復帰したら、上司から「気分転換だ」と夏季にモンゴル出張を命じられた。相棒はなんと「朝鮮族」の女性担当者だった。北京経由でウランバートル入りし、モンゴルの政府系研究所との意見交換を行い、私は「上海協力機構」（ＳＣＯ）をテーマに、中国の多国間外交について報告した。依然としてロシア（旧ソ連）の影響が濃厚で、むしろ中国嫌いの風潮が感じられるモンゴル側の意見・主張に私は期待したが、目新しいものはなかった。同行した「朝鮮族」女性はもっと悲惨で、情報交流へのデビュー戦で、北朝鮮と国交のあるモンゴル側から当時の金正日体制について意見を聞き出そうとしたが、肝心の意見交換の場に朝鮮半島問題担当のモンゴル人が出て来なかったのだ。仕方なく私たちは、ウランバートル市内や郊外への視察ツアーを行った。市内は思ったより活気があり、目立ったのが妊婦の多さだった。将来に何らかの展望がなければ家族関係を作り、子どもを持つことは無いと私は思った。他方、郊外へ通訳付きの視察に出たが、道路事情が酷かった。市内は一定の整備がなされていたが、郊外に繋がる道路はガタガタで壊れている箇所が多く、郊外は土の道路だった。視察にチャーターした4WD車で何とか乗り切ったが、一日過ごして私は疲れた。しかし、モンゴルは社会主義体制を離れて民主化し、かつての土俗宗教（チベット仏教の一種）が復活していた。道路沿いに「オポー」と称する祠《ほこら》がいくつも設置され、見学した民俗文化財にも立派な神棚があった。

また、巨大なチンギスハーン像を模した施設が新造されており、濃厚なロシアの影響下、禁じられていたナショナリズムの再興もうかがわれた。私は、かつてのインド同様、モンゴルに対しても侮れないものを感じた。地政学上、中国とロシアという大国の狭間に位置する一方、米国や欧州諸国、日本との関係も維持する逞しさを意識したからである。

防衛省の二人の「天皇」

防衛・情報交流に関連して、防衛庁（省）生え抜きの実力者であった守屋事務次官が、2007年1月の防衛省昇格後に非公式に設置した「対外戦略構想」プロジェクトチームが記憶に残っている。これは、昇格を契機に外務省や経産省を意識した「政策官庁」への転換を目指した守屋次官が、内局の若手キャリアを責任者に指名し、確か中国、朝鮮半島、ロシア、米国、欧州に対する戦略を立案、そのための各国の「国力・国情」を再検討するものだった。

一種のブレーンストーミングであり、私は中国の「国力・国情」資料を作成、提供した縁から、このチームの末席にいた。事務次官室には、防衛省の局長クラス、統合幕僚長、陸海空の各幕僚長、そして情報本部長らが集まり、若手キャリアが作った対外戦略案をたたき台にして議論を積み重ねていった。

このような試みは前例がなく斬新であった。防衛省の〝天皇〟とさえ称された守屋氏だからこそできたプロジェクトと言えるのかもしれない。このチームは結局、同年8月の守屋次官の退職とともに立ち消えとなり、私が知る限り、せっかくの試みを引き継ぐ高級幹部はいなかったと思う。有益な試みであったと思われるだけに全く残念である。

私は、守屋氏以外にもう一人、〃天皇〃の異名を取った防衛官僚を知っている。海原治氏（元防衛庁官房長、元内閣国防会議事務局長）である。残念ながら海原氏は２００６（平成18）年10月に亡くなっているが、私は自衛隊入隊直後、その著書『日本の国防を考える』〈時事通信社、１９８５（昭和60）年刊〉を購入した。一読して私は、その歯切れのよい内容に衝撃を受けた。

「派手な作文が虚像を実像にしたて上げる」、「願望が目標と定められ、目標に到達するための方法は慎重に検討されなかった」、「都合の良い条件が選ばれて計画が作成され、髪一筋の可能性に賭けられた」、「物的戦力の不足は精神力で補うものとされ、補給の重要性が認識されなかった」等である。

私は同書の冒頭で謳われ、帯文にも明記された〃海原７原則〃（「私の主張」）を、仕事で常に肝に銘じるよう、執務机上のビニールシート内に拡大コピーして置いていた。それは以下のとおりである。

・現実を知れ

・あやまちを繰り返すな
・夢を見るな
・専門家を盲信するな
・空理空論を弄ぶな
・方法論を検討せよ
・真剣に考えよ

海原氏や守屋氏のような人材が消えたと言われる防衛省に将来、こうした〝硬骨漢〟が再び現れることを、私は切望している。

〝戦力外〟分析官の日々

私は1997（平成9）年以降、通算3回の中国共産党大会について情報を収集して分析し、防衛庁（省）幹部への報告等を行った。特に共産党最高指導部（いわゆる「チャイナセブン」）の人事動向は毎回、報告の焦点となったが、指導部内の権力闘争が熾烈化すればするほど、玉石混交状態の香港・台湾メディアによる観測情報が大量に流布、主にこれを利用した邦字紙の報道は、あまり信憑性の高いものではなかった。

しかし、幹部の関心は、こうした邦字紙の報道に左右されるため、我々の報告もこれに合わせて一種の〝教養講座〟、つまり、分かり易く見栄えがすることを優先する内容になりがちであった。情報分析のあるべき姿から離れているのではと、私には思われた。

情報本部では、やりがいのある仕事もあったし、私自身、「余人をもって代えがたい人材」ともちあげられた時期もあった。しかし、組織の中で、分析官がどのように評価されているかを知るにつれ、疑問も広がった。私は次第に、情報本部での仕事に限界を感じるようになっていた。

そんな時に〝遭遇〟したのが、２００７（平成19）年に課長として着任してきた〝クラッシャー上司〟のＯであった。２００９（平成21）年、Ｏ課長の〝パワハラ〟で「うつ状態」と診断され、一年間の休職を余儀なくされた。自衛隊勤続25周年の記念品（銀杯）は療養中、自宅に郵送されてきた。私は情報本部の中で、心ならずも〝戦力外〟の状態となった。

Ｏの転属に伴い、新しい課長の下で一時は職場復帰したが再度休職へ。その後、職場再復帰を目指したが、中央資料隊から共に情報本部分析部に移り、長年の付き合いがあった韓国語通訳で朝鮮半島情勢の専門家、いわゆる「朝鮮族」であった先輩相場さんの死を契機に退職を決断した。業務多忙のため、定期健康診断も受けていなかったという相場さんは、ある日突然、脳幹出血により執務室で倒れ入院加療中であった。相場さんの死を聞いて、その告別式に参列した時、とっさに思ったのが、「次は自分の番ではないか」ということであった。

新課長からは、学校への転属など、人事異動も打診されたが、それを断るのに迷いはなかった。そして、本書の序章に記したように、２０１２（平成24）年末、防衛省勤務最後の日を迎えたのである。

第5章　情報活動25年を振り返って

分析部時代の回顧

私自身が立ち会った情報本部の発足から２０２２（令和４）年で25年。あらためて分析部時代を回顧すると、要は体の良い〝便利屋〟〝何でも屋〟の部門であったと思う。当の私も、分析官として、そんな扱いであった。

そうなる最大の原因は皮肉にも、情報本部が分析部の仕事として強調する「オールソース」分析にあったと思う。「あらゆる情報源から得た情報を総合して分析」することが謳い文句の「オールソース」分析は、公開情報（オシント）や交換情報に加え、電波情報（シギント）、画像情報（イミント）など、個々の情報（シングルソース）を突き合わせて情報を分析する手法であり、情報の質を高めるための相乗効果を狙ったものであったと言えよう。

情報活動のあるべき姿、理想の分析手法とされたが、自衛隊で実際に運用すると、さまざまな問題や〝副作用〟が出てきたのである

分析部発足当初を振り返ると、電波情報や画像情報は、それ自体が既に出来上がった定型情報であり、電波部や画像・地理部は、何ら手を加えることなく、生《ナマ》の情報を日々迅速

に報告していた。公開情報を扱う中央資料隊出身の私は、こうした〝非公開〟情報に接するのは初めてであり、過去に処理した天安門事件（１９８９年）や台湾海峡危機（１９９５～６年）を思い出し、全く見えなかった部分が明らかになって大いに興奮した覚えがある。

同時に、シングルソース、つまり電波や画像の個々の情報には、限界があることもすぐにわかった。例えば人民解放軍の動向を分析する上で、電波情報や画像情報は、従来の動きとは違う特異事象や、全く新しい事象は明らかにしたが、私は、そこに〝死角〟、すなわち傍受不可能、あるいは撮影不可能な地域、領域が存在することに気が付いた。そして、電波部や画像部は、こうした情報の〝瑕疵〟や欠落点を、米国等との「交換情報」で補っていることもわかってきた。

ちょうどその頃から、情報本部は迅速な情報処理と同時に、質の高い情報分析を目指して本部長以下、あらゆる情報で「総合化、統合化」（フュージョンとかケミストリーともいう）を強調するようになり、シングルソースをそのまま上げると忌避され、必ず過去の歴史や経緯といった、報告事象の「背景」等を併せて扱うようになっていた。

こうした傾向に対し、情報本部の中核部門と自負していた電波部や、技術情報（テキント）の雄と自認していた画像・地理部は、情報の「総合化」、つまりオールソース分析の担当は新設の分析部だと主張するようになり、例えば官邸（総理）報告や大臣（長官）報告といった「ＶＩＰ報告」のほとんどが、〝便利屋〟と見做された分析部へ廻ってくることになった。その結果、分析部の業務量が激増したことは言うまでもない。そして、こうしたオールソース分析（要は「何でもあり」の内容）の隆盛は、結果的に電波情報、画像情報、公開情報などが本来持っていたそれぞれの特色を失わせ、どの担当部門が報告しても同じような、平板で退屈な内容へ情報が堕していったと思う。

オールソース分析が、あるべき形で運用されなかったのは、伝統的に自衛隊の組織間でセクショナリズムが根強く、必要な組織間の協力がうまく進まなかった結果であろう。また、このことは情報本部各部門間の軋轢に止まらず、各自衛隊情報部門間の〝対立〟まで惹起していった。

例えば、陸上自衛隊は、情報の一元化、統合化の流れに逆行するかのように、情報本部が設立されてから10年後の２００７（平成19）年3月、隷下に基礎情報隊（元中央資料隊）、地理情報隊（元中央地理隊）、情報処理隊（新設。総合分析を担当）、現地情報隊（新設。海外における人的情報、ヒューミントの処理を担当）を有する中央情報隊（Military Intelligence Command　ＭＩＣと略称）を新設したのである。

陸自中央情報隊は当初、「軍事情報（旅）団」（Military Intelligence Brigade）として新設する構想であったが、内局等から「情報本部が既に存在しながら、旅団クラスの情報部隊を新設するのは無理だ。予算上、財務省に説明がつかない」と批判されて、より規模が小さい「中央情報隊」設立で落ち着いたと聞いている。

結局、陸自は情報本部の発足に際し、「調別」（電波部の母体となった陸幕調査部第2課調査別室。通信所の要員を含め1300人が情報本部に異動）など多数の要員を差し出しながら、思ったような情報を情報本部から得られなかったため、自前の情報組織をあらためて作り上げたのだ。「統合は情報分野から」といった当初の掛け声とは裏腹に、真の統合化実現への道は遠いと私は落胆している。

今後の情報活動改善への提言

「誰も皆、情報を重要と言うが、誰も情報を重視していない」

これが、四半世紀にわたり情報活動に携わった私の結論である。防衛省・自衛隊において、ひいては日本政府、日本人という民族が抱える問題点であろう。しかも、様々な改革が試みられながら、一向に改善がみられない。これは、日本の文化に起因する問題なのか、日本人の気質によるものなのか。あるいは情報に係わる機構や制度の問題なのか。私が在職中も、そして退職後も抱き続ける疑問となっている。

そんな中で私が注目したのは、情報の「入口」であり「出口」であった。要するに入口＝「情報要求」と、出口＝「情報使用」に問題があるため、その間にある情報の収集・処理の過程も改善されないままなのである。

「良い情報要求を出す指揮官こそ、真の情報マンを創造する原点だ」――ある自衛隊将官が私に与えてくれた言葉である。「情報要求」は、情報活動の端緒であり、情報活動を動かすカギである。私はこれまで、主として軍事情報を扱ってきたが、それ以外にも軍事情勢を取り巻く政治、経済、社会、文化、地誌など、情報にはあらゆる分野が含まれる。しかし、これらの分野を全て網羅的に扱うとしたら、それはスパイの仕事ではない。単なる「地域屋」事情通の仕事である。

スパイとしては、何が求められているのか、指揮官、ＶＩＰというカスタマーは何を必要としているのかという「絞り込み」作業が必要なのだ。これを「収集努力の指向」という。日本では、この部分が曖昧であり疎かにされている。このため、往々にして最初の「入口」の部分で躓いていることが多いのだ。

かつて防衛研究所に在籍した小谷賢・日本大学教授は、『インテリジェンス　国家・組織は情報をいかに扱うべきか』（ちくま学芸文庫、２０１２年刊）で、「情報要求」を絞り込む必要性について次のように記している。

「例えば隣国がミサイルの発射実験を行ったという報を受け、『隣国の情勢はどうなっているのか』といった質問は漠然としており、情報サイドもどういったインテリジェンスを作成すればよいのか戸惑う。より詳細に『昨日、隣国がミサイル発射実験を行ったようだが、ミサイルのペイロード、射程距離、発射された数、また実験の意図についての情報が欲しい』といった方が的確なインテリジェンスを受け取れることは想像に難くない。このような情報要求を発するためには、カスタマーも日頃からその分野の知識を蓄えておかなくてはならないのである」（同書65頁）

小谷氏が指摘するように、上の要求が漠然としたまま情報活動を行うことは困難であるのだが、私の経験では明確な情報要求が示されることはほとんどなかった。

一度だけ、金庫にしまってある情報要求書を垣間見たことがあるが、そこには「対象国の軍事、政治、経済、外交等の情報を収集せよ」という文言が並んでおり、これは悪いジョークだと感じたものである。すなわち、この要求書を出したカスタマー（自衛隊幹部）は、スパイに対し「あらゆる情報を取ってこい」と丸投げしただけだ。彼らにとって我々は、体の良い〝何でも屋〟なのである。

対象国の軍事情報に加えて、政権の安定度等の政治状況、基盤となる経済・産業の実態及び外交政策の方向性まで際限なく収集することになれば、結局、何を重点に情報収集して良いか分からず、広く浅い中途半端な活動にならざるを得ない。何故、我々は、こうした曖昧な要求を受けて何も言わずに活動をするのであろうか。何故、要求を受ける段階で細部を確認し、絞り込むように求めないのだろうか。

その答えは、言われたことに黙って従う方が楽だからだ。私の見るところ、自衛隊の中で〝利口〟なスパイは、ほどほどの仕事ぶりで、上からの高い評価も別になくていいというのが実態だった。仮に良い評価を得たら、キツイ仕事が一層回ってくるからというのだ。上からの丸投げという〝白紙委任〟は、下からの、ほどほどの〝自主回答〟で帰ってくる。

こんな状況で、良い情報活動が出来るわけがない。

「収集努力の指向」、つまり絞り込みという最初の手順、その具体化のための情報要求がいい加減だと、事後の情報活動まで悪影響を及ぼすと言えるだろう。こうした問題点は自衛隊に限らず、日本全体の情報組織に共通していると私は考える。

従って、今後の日本の情報活動を改善するためには、まず、「入口」を改革するところから始めるべきであろうが、最近の流れは、ＪＣＩＡ等新たな「対外情報機関」の設立を訴える議論が出るなど、「出口」を〝充実〟させることに傾注しているように思える。

しかし、いくら立派な組織をつくっても、情報活動の「入口」改革なくしては思ったような成果を出すことは出来ない。しかも、人口減少や経済の伸び悩みが続く日本で、新たな情報機関をつくることは、防衛省情報本部を含めた既存組織との間で、貴重な「ヒト・モノ・カネ」をめぐる争奪戦を招く可能性が高く、メリットよりもデメリットの方が大きいであろう。まずは「入口」改革など、既存の情報組織の改善を図ることを優先し、組織の新設には慎重であるべきだと私は考える。そんな中、私は『店は客のためにあり店員とともに栄え　店主とともに滅びる　倉本長治の商人学』（プレジデント社、２０２３年刊）という本をみつけた。その中身は、民間における「商いの基本」を説く名言集であるが、敢えて情報の世界に引き写せば〝情報機関はカスタマーのためにあり、スパイとともに栄え、国家とともに滅びる〟とさえ感じた。要は国家の存亡に関わる情報機関の在り方に関しては、先述した海原治氏の主張に則り「真剣に考え」て、あくまで具体的な「方法論を検討」すべきではないかということである。

２０２３（令和５）年、ＴＢＳ系テレビドラマ「ＶＩＶＡＮＴ《ヴィヴァン》」が放送され大ヒットを記録したとされるが、そこに登場する陸自の秘密情報部隊「別班」（ベッパン、ドラマの題名はこれを曖昧にしてぼかしている）が注目された。「自衛隊の闇組織」（石井暁・共同通信専任編集委員の言葉）とさえ規定され、その存在も公式には否定されている秘密部隊であるが、私は、小平学校入校中に別班の班員に遭遇したことがある。「まっちゃん、俺は身分証明証を返納して無いから、駐屯地外へ出る時にいちいち別の証明書を書いてもらわないと駄目なんだよ」と呆気らかんに話す方だったが、逆に私は当時「こういう人たらしこそ、侮れないな」と感じたものである。そんな中、『週刊新潮』２０２４（令和６）年第２号（１月18日迎春増大号）が発売され、私は同誌にノンフィクション作家である杉山隆男氏の遺稿（杉山氏は２０２３年10月逝去）が掲載されているのを見つけた。ここで杉山氏は話題の「別班」に触れつつ、独自取材として秘密部隊である「特別編成されたコンバットチーム」（CT、ただし正式名称不明）について書いている。「別班」が50人前後の規模に対し、同チームはさらに小規模で全員が若手の尉官（幹部）であり、しかも現場の部隊で下士官として経験を重ねてから将校になった「叩き上げ」の人材集団だったという。取材を重ねながら杉山氏は、それが新設された「特殊作戦群」や、既存のパラシュート降下部隊「第一空挺団」ではなく、全く別物のアドホックに編成された「タスクフォース」（TF）ではないかと推論しており、先のテレビドラマの内容はむしろ、こちらの組織の行動に近いのではないかと私は感じた。地道な取材に基づかれた杉山氏の慧眼には敬服せざるをえないが、逆に情報部隊・情報機関に対する「ゴシップ」記事や、興味本位の報道が巷に氾濫する事態を、私は残念にも思う。

あらためて「スパイとは結局、何だ」と自問自答してみると、それは情報（諜報）活動を、合法的、非合法的に行う者であり、軍事、外交、産業などの分野で国家の活動を支援するために行動する。「机上スパイ」アナリスト（分析官）の私は残念ながら、非合法の活動に従事した経験がない。しかし、これまで述べてきたように、他の多くの分野で多様な経験はしてきた。そして、いかなる理屈・理論やハイテク手段を使っても、究極は人間が行うことで「ヒューマン・ファクター」が基本であり、字義どおりの「情けに報いる」という「情報」のあり方の再認識だと私は思う。その際に必要なのは「独立思考《ドゥリスーカオ》」（中国語で、自分の頭で考えるの意味）だと私は信じている。

情報保全への思い

私は、２０１３（平成25）年に明らかとなった「米スノーデン事件」（Ｅ・スノーデン氏による米情報機関の実態暴露事件）等を契機に、あらためて説かれるようになった「情報保全」という掛け声に疑問を抱いている。この問題については、最近でも、２０１５（平成27）年末に発覚した元陸自東部方面総監Ｉ陸将によるロシア武官への情報漏洩事件（結果的に不起訴処分）があった。

Ｉ陸将には思い出がある。中央資料隊に勤務していた時代、私が陸幕調査部を支援する際、一連の業務を仕切っていたのがＩ氏であった。強面で鳴らした空挺部隊の出身で、情報分野の勤務経験もある人物だった。現役時代は「闘将」とか「軍神」とか謳われながら、一部報道によれば、ロシア武官へ陸自教範『普通科運用』とともに炊飯器までプレゼントしたというエピソードに、私は失笑を禁じえなかった。

退役将官であるＯＢに対し、教範を譲渡した富士学校長（当時）Ｗ陸将の名前にも驚いた。私の同期の出世頭で、久留米の幹部候補生学校時代に、「モス」取得をアドバイスしてくれた「Ｕダッシュ」だったからだ。そして、一連の報道によれば、Ｗ氏はＩ氏が東部方面総監時代の部下（防衛部長）であり、かつての上司と部下の関係からＩ氏の要求を断れなかったとされる。

私にも、似たような経験がある。例えば課長の〝裁量〟（要は部長等の許可なしに、煩雑な手続きを簡略化すること）で私は、職場に隣接する内閣衛星情報センターのＫ所長（元情報本部長）へ、作成した情報資料を提供したことがある。ＯＢの要求に自衛官は特に弱いのだ。さらに、部外まで出向いて民間人にブリーフを行ったこともある。さすがにこの場合は情報本部長への随行であったが、その橋渡しは同行した素性不明の自衛隊ＯＢが行っていた。正月早々、休暇中の私は、課長から電話で「重要なブリーフがあるから、事情の分かっている君に行ってもらいたい」との指示を受けた。「重要なら上司の課長が自ら行くべきだろ」と内心思ったが、前年末に公表された中国の国防白書がブリーフのテーマであるという。その民間人は、白書の内容にひどく関心があるとされ、「一体、どんなマニアックな奴だ」と私は訝《いぶか》った。

指定された日に出勤すると、ブリーフの相手が有名な女性評論家S氏であることを知らされ、私は驚くと同時に納得した。「何でこんな細かい事象まで知っているのか」と常々疑問に思っていた私は、S氏の発言や著書の情報源の一つが防衛省だと確信したからだ。ブリーフはS氏の自宅で、実際に国防白書の内容を翻訳した私が実施した。こうしたブリーフに慣れているようで、S氏は白書の内容の特異点、新規記述などを質問してきた。今振り返れば、正月の珍事であった。

こんなことをやっていては、私が長く勤務した情報分野を含め、OBの要求に抗えない体質の防衛省から「漏洩」は永遠に無くならないと思う。

かつて私が勤務した陸自中央資料隊では毎年1月、1980（昭和55）年に発覚したM事案（宮永スパイ事件）を教訓に、宮永陸将補（元第1科長）らが逮捕された日を「保全の日」と定めていた。当日は朝から隊長等による保全講話があり、保全規則等に関する試験や保全標語コンテストが行われていたが、いつの間にか取り止めになった。

情報が下から漏れることはほとんどない。常に上から漏れることを我々は決して忘れるべきでない。

退役将官「論壇活動」への異論

元陸上幕僚長（陸将）であったT氏が、２０１７（平成29）年、『軍事のリアル』（新潮新書）という著作を出版した。出版社のＨＰには、「直視せよ。陸上自衛隊の元トップが明かすのは、タブーなき真実」の文字が躍っている。その最終章『情報』を軽視しがちな日本」は、『情報』と『兵站』は、第２次世界大戦において日本が敗れた２大要因だと言われている」との書き出しで始まるが、同章に気になる記述があった。

それは、司馬遼太郎の「忍び」論を引用した一節である。司馬氏は、忍者をテーマにした『梟の城』で直木賞を受賞したが、自分の職業（新聞記者）を戦国時代の忍者（忍び）に重ねていたという。

「忍びは情報を収集伝達し金をもらう職業である。そのため、敵の城中にもぐりこむ危険な仕事もするが、敵城主の本質を知るためには、その城下の農民・商人など庶民の生活を見ることがより大事であり、そこに敵の弱点を発見して情報要求者たる雇い主の大名に伝える」（同書211～2頁）のだが、忍びにはわずかな褒美が与えられるだけである。それは、侍たちの得る富や名誉には及ばない。しかし、忍びの喜びとは、彼が伝えた情報により敵味方双方の庶民の生活が少しでも良くなることであり、それを確認した時に、忍びは我がことのようにこれを喜び、その仕事に誇りを感じ、独りほくそ笑むが、それは現代の新聞記者の生き方と全く同じというのが司馬氏の見立てであったと紹介されている。

T氏は、この話を「やや自虐的で浪漫的なもの」であるが、「大昔から現代に至る情報担当者たちの報われない、しかし誇りある本質を的確に指摘している」と評価している。

さらにT氏は、司馬氏の話を敷衍して「帝国陸海軍の情報担当者は作戦担当者の風下に逼塞していた」と述べている。そして、かつての情報担当者と比べ、現自衛隊の「情報」に関し気になる点は、「より均衡のとれたものになっていることは確か」だが逆に、「人間情報（ヒューマン・インテリジェンス）」の根源となる「魂」（T氏は「愛情と誠意」と規定）の部分が薄れてきていると指摘している。

T氏は、その原因について、「そういう素養を持った青年たちを育ててこなかった日本の戦後教育の結果」とし、「自衛隊の教育・訓練ではカバーしきれない」と述べている。しかし、私は逆の認識を持っている。自衛隊の教育・訓練のあり方にこそ問題があったと思うからだ。

私が、幹部自衛官養成校である防衛大学校ではなく、一般大学を出て陸上自衛隊に入隊して中央資料隊の情報幹部から防衛庁（省）情報本部分析官となり、何とか25年近くを情報の世界で過ごせたのは、自分の努力と経験によるところが大きかったと自負している。情報部隊・機関におけるＯＪＴ（実地訓練）では鍛えられたが、情報活動について、自衛隊による組織的な教育・訓練は十分ではなかったと思う。

最後にＴ氏は「近年、『情報』という職種（兵科）が創設され、小平学校の一部であった情報教育部が２０１８年に『情報学校』の名で復活すると聞く」とし、「情報職種に優秀な人々が参加して『我々が防衛をリードするのだ』という気概を持って働く時代が来る」ことを祈念すると述べている。

元上官に対して失礼であるとは思うが、Ｔ氏の著作を読んで、現役の陸幕長時代、つまり、自らが改革を実行する権限を持っていた時代に必要な施策を講じられなかった方が、今更何をかいわんやである、との感想を持たざるを得ない。

私が最後に仕えた統合幕僚長であるO陸将（元陸上幕僚長）が著した、『経済学では学べない戦略の本質』（角川書店、２０１７（平成29）年刊）についても触れておきたい。

O氏は、同書の冒頭で、映画『シン・ゴジラ』（２０１６（平成28）年公開）の統合幕僚長役（O氏がモデルといわれる）のセリフ「礼はいりません。仕事ですから」を紹介しながら、東日本大震災で、自ら「国民の命を守るのが我々の仕事ですから、命令があれば全力を尽くします」と語ったと指摘している。

O統合幕僚長の言動で印象的だったのは、大震災への対処も一段落した２０１１（平成23）年末の金正日逝去後の対応だった。当時はまだ、後継者になった金正恩がいかなる人物か、そしていかなる行動をとるか全く分からない状況にあった。

そこで同年末、防衛省や統合幕僚監部は連日、会議を開き、北朝鮮の行動分析と、中国やロシア等周辺国の対応を分析・予測していた。私も、中国担当者として各種会議に出席し議論に参加していたところ、ある日の議論が、O統幕長の「御下問」をめぐって紛糾したのだ。O統幕長から「金正恩の誕生日は1月8日と聞いた。この前後にミサイルを発射する兆候はあるのか。もしミサイルが発射されたら、私はどうすれば良いか」といった趣旨の質問があったというのである。

これを聞いた私の率直な感想は、「そんな御下問を受けて来るなよ。諸情報から判断してミサイル発射の兆候は見られず、発射の可能性は低い。しかし、仮にミサイルが不意急襲的に発射される可能性が出てきたら、統幕長が動向監視等を命ずるのは当然の措置だろう」というものだった。

しかし、当時の会議主催者である同期のK情報官は、「統幕長を説得する自信がない。もし説得するなら、今から担当者全員を連れて統幕長の元へ説明に上がりたい」と言う。私を含めて他の担当者は、「説明資料は既に提出済みで、これ以上の説得材料はない。それに行動方針を決めるのは統幕長自身ではないのか」と反論して会議は堂々巡りとなった。

「こういう最高指揮官には付いていけない」と私の中で何かが崩れ落ちた瞬間だった。

あれから数年経ち、O氏は先述した映画『シン・ゴジラ』における自衛隊トップのモデルとされる「伝説の自衛官」としてＴＶ番組に出演し、さらに今回、「戦略の本質」を語る著書も出した。

退官後の活動をとやかく言うつもりはないが、〝三軍の長〟の立場におられた方だけに、在任中、現役時代に、もっと「戦略の本質」を語っていただきたかったという思いはある。その方が今より遥かに影響力があり、各種論議に一石を投じたはずだからである。

終　章　軍事アナリストがみた中国

第2期習近平体制の人事的特徴

2017（平成29）年、中国で5年に1度の共産党大会が開かれ、第2期習近平体制がスタートした。今回、一段と進んだ習近平・共産党総書記への権力集中を、共産党や軍の指導部人事から分析してみたい。

中国共産党の最高指導部である中央政治局常務委員会（いわゆる「チャイナセブン」で構成）に関しては、習近平の後継者となるべき若手が入らず、慣例に反して3期以上の長期政権を狙う習近平の思惑が鮮明になったなど、内外の報道で重点的に取り上げられているので、ここでは常務委員会の基盤となる中央政治局の人事を取り上げてみたい。民間会社に例えるなら、共産党大会は株主総会、政治局は取締役会、常務委員会は上級取締役で構成される常務会といったところであろうか。

政治局メンバー25人の内、10人は前期からの続投で、15人は新任だった。続投した10人の内7人は習近平をはじめとする常務委員で、残る3人は、①軍人の許其亮・軍事委員会副主席、②女性の孫春蘭・前統一戦線工作部長、③54歳と若く、習氏後継候補の一人として常務委員会入りの観測があったが結局、見送られた胡春華・前広東省党委員会書記であり、孫氏と胡氏は後に副総理に就任した。

新任メンバーの内、注目されたのが首都・北京市の党委員会書記・蔡奇の処遇である。今回の党大会で〝ヒラ〟の党員から初めて中央委員に選出されると、一気に政治局委員にまで抜擢された。蔡奇は、習総書記が浙江省党委員会書記を務めていた時の部下であり、明らかに「習近平一派」である。

ただし、この異例の〝特進〟人事には、中国共産党内で強い軋轢もあったようで、２０１８（平成30）年３月、蔡氏が、北京市党委員会書記の座を〝更迭〟され（後任は先述した孫春蘭・政治局委員）、一見格下にも見える統一戦線工作部長に異動するとの観測が流れた。香港紙『明報』が報じたもので、「権力闘争」の存在を示唆していた。

こうした摩擦や軋轢はあるとしても、習近平の大学時代の学友（陳希・組織部長兼党学校長）や、かつて地方に勤務した時代の部下たちが何人も新たに政治局入りして要職に就いたことが、今回の政治局人事の特徴である。習近平・総書記の影響力は今後さらに深化していくであろう。

内外の報道ではあまり取り上げられないが、習近平・総書記の日々の党務を取り仕切る重要な事務処理機構が中央書記処（書記局）である。今回の党大会では、書記処メンバーが一新され、筆頭書記となった王滬寧は、前期の政治局委員から同常務委員の序列5位へ抜擢された。元来、王は上海復旦大学教授で学界出身であったが、歴代総書記の江沢民、胡錦涛、習近平のブレーンを務めてきた。ちなみに、2期前の中央書記処筆頭書記は、習近平であった。

他の書記処書記6人も、今期は5人が政治局委員を兼務（前期は3人）しており、職務遂行の面で〝権威付け〟が為されている。その一人が、先述した習近平の学友である陳希・組織部長（党内人事担当）である。また、党務の重大ポストである宣伝部長の黄坤明、及び弁公庁主任（習近平の「秘書室長」）の丁薛祥も、政治局委員と書記処書記を兼務することになった。彼らも、かつて習近平の地方在任時代の部下だった「習近平一派」であることから、政治局人事同様の特徴を呈している。

軍の最高指導機関である共産党中央軍事委員会は、２０１６年2月、軍務全般に関する執務機構であった「四総部」（総参謀部、総政治部、総後勤部、総装備部）を解体し、それぞれの職能を15部門に再編成した上で、全て委員会の内部に組み込んだ。

従来の慣例からすれば、これら15部門のトップが軍事委員会メンバーとなるはずで、これに陸軍、海軍、空軍、ロケット軍（旧第2砲兵部隊）の4軍トップが加われば軍事委員会は20人近いメンバーとなって〝肥大化〟し、従来の副主席2人体制が4人体制へ増強されるとも予想されていた。

しかし、実際の陣容は、主席に習近平、副主席は留任の許其亮と委員から昇格した張又侠・前装備発展部長で従来どおりの2人、委員は魏鳳和・前ロケット軍司令員（後に、国防部長就任）、李作成・統合参謀長（前陸軍司令員）、苗華・政治工作部主任（前海軍政治委員）、張昇民・規律検査委員会書記の4人で総勢7人体制に収まった。前期が11人体制であったことから考えると大幅な人員削減であり、具体的には兵站、装備の責任者や4軍トップは軍事委員会の副主席や委員へ登用されなかった。

これは軍事委員会のスリム化であり、軍務における迅速な意思決定システムの形成を志向する習近平主席の力が働いた結果であると言える。また、軍種間の勢力構成を見ると、文官である習近平主席を除く6人の軍人は陸軍2人（張又侠、李作成）、海軍1人（苗華）、空軍1人（許其亮）、ロケット軍2人（魏鳳和、張昇民）となった。従来の「陸軍偏重」体制からすればバランスが取れており、各軍種から何人を軍事委員会指導部に送り込むかという〝勢力争い〟は下火になっていくものと思われる。中央軍事委員会の人事にも、習近平主席の意向が強く反映されたといえるだろう。

以上みてきたように、中国共産党の最高指導部である中央政治局常務委員会は7人で構成される、いわゆる「チャイナセブン」である。また、習近平・共産党総書記の執務機構である中央書記処書記も7人、軍事指導機関である中央軍事委員会も習近平主席ら7人で構成される。習近平は今後、党務・軍務の重要機構で「チャイナセブン」体制を積極的に活用し、権力集中を一段と進めることが予想される。

＊2022（令和4）年に発足した第3期習近平体制の人事的特徴等については、公益財団法人「日本国際フォーラム」が運営するe–論壇「百家争鳴」や「議論百出」に掲載された拙稿を参照されたい。

「中国脅威論」に欠けているもの

ある国の「脅威」を論じる場合、その「意図」（何をしてくるか）と「能力」（何ができるか）の分析が必要とされるが、私は多くの場合、能力分析が過多で意図分析が希薄だと考える。「中国脅威論」についても、そのことが言えると思う。

情報本部分析部に勤務中、人民解放軍の近代化に関して総合分析を担当した私が、一部の防衛庁（省）幹部からしばしば説かれたのが「中華帝国の復活」という意図であった。「松本君、中国要人も言ってるよね、中華民族の偉大な復興って。これはイコール現代版中華帝国の復活であり、まさしく今後の中国の夢じゃないのかね」と、いつも先に結論ありきである。そして「中国は、軍事力の近代化を毎年着実に行い、海軍、空軍、ミサイルの各戦力は大幅に強化されているだろ」と畳みかけてくる。

これに対し、私が「中華帝国の復活という遠大な目的達成のために、中国軍が重点的に整備している戦力を具体的に挙げて下さい。それは空母艦隊ですか、戦略空軍ですか、それとも戦略ミサイル部隊ですか」と食い下がると「それは全体的に近代化している」と曖昧な回答になる。

そこを突っ込んで私は、「かつての中華帝国のように、ほぼユーラシア大陸を席巻する範囲をカバーするには空母艦隊の整備の優先順位は低くなりますね。中国軍はむしろ、戦力投射能力を向上させるために、航空戦力とミサイル戦力の近代化の優先順位を上げるのですか」と反論する・・・。

こうして各種情報を取りまとめる総合分析は、いつも必ず喧々諤々の議論となるのだが、結論は至極当たり前の「中国軍の近代化は着実に進行しており、今後の動向が注目される」という〝今注《コンチュウ》〟で締められていた。

そうなる原因を自戒も込めて述べると、いわゆる目先の軍事的な能力分析に傾注するあまり、そうした能力の保有・向上が、いかなる軍事的な意図、ひいては中国の政治的な目標を達成するために行われているのかという、詰めた分析が少なかったためであろう。こうしたギャップを補って余りある好著が、『中国はなぜ軍拡を続けるのか』（阿南友亮、新潮選書、２０１７年刊）である。阿南氏は、同書の「はじめに」で次のように論じている。

「本書は、・・・共産党が軍拡を本格的に推進するに至った政治的背景と経緯、軍拡の諸側面、そして軍拡の日中関係への影響について論じる。（中略）

中国の政治史を論じる際には、さまざまなアプローチをとることが可能である。筆者の場合、ほぼ一貫して『党・軍・社会』、すなわち共産党、解放軍、そして中国社会という三つのファクターに焦点をあてるアプローチをとってきた。本書では、そこに『国際社会』というファクターも織りまぜて、共産党がなぜ膨大な資源を軍隊に投入し、日米と軍事的に対峙するようになったのかという問いに対する回答を提示したい」（同書18頁）

「脅威」を論じるには、同書にあるように、さまざまなファクターを織り込んだ多角的な「意図」分析が必要なのである。この点について阿南氏は、「政治的背景と経緯に関する議論は、主として1970年代半ばから2000年代初頭にかけての約30年間に焦点をあてる。それは、中国における軍拡の起源をこの時期、すなわち鄧小平政権から江沢民政権にかけての時期にみいだすことができると考えているからにほかならない」（同書18頁）とも記している。

阿南氏が指摘する鄧小平政権から江沢民政権にかけての時期、その中でも江沢民政権が誕生する契機となった1989（平成元）年の天安門事件こそ、中国の「軍拡」路線のルーツであると言っても過言ではないと私は思う。

中国が「反革命暴乱」と規定する同事件の発生から既に30年以上が経ちながら、中国共産党の統治体制には、依然として、人民解放軍や武装警察を強化して統治の後ろ盾とせざるを得ず、また対外的には国内の諸問題から国民の目を逸らそうとして、「中華民族の偉大な復興」を掲げて軍事力を誇示する側面があることを忘れてはならないだろう。

また「能力」分析について言えば、表面上の事象を過大評価して、肝心の弱点分析がおろそかになっているものが多いように思われる。それでは、「中国人民解放軍は本当に強いのか」という疑問に答えたことにはならない。

中国共産党の軍事委員会主席を兼ねる習近平・総書記は、2017（平成29）年10月に開催された共産党大会の政治報告で、今後の人民解放軍の近代化の目標を明らかにした。それは、①2020年までに「機械化」を実現し、「情報化」においては重大な進展を獲得することにより戦略的な能力を向上させる、②2035年までに国防と軍の近代化を実現する、③今世紀中頃（建国100周年の2049年か）までに人民解放軍を世界一流の軍隊にする、というものである。

習近平はまた、具体的な目標として、人民解放軍の「ネットワーク情報システムに基づく統合作戦能力」と「全域作戦能力」を向上させると強調した。

前者は陸海空3軍、ロケット軍の統合作戦に関して、従来の単なる「情報システム」から進化した「ネットワーク情報システム」を基盤に遂行することが謳われ、データリンクと情報共有を中心として、各軍種間のＣ４（指揮・統制・通信・コンピューター）とＩＳＲ（情報・監視・偵察）システムの一元化を積極的に進めようとしている。これを裏付けるかのように、党大会終了後の11月、習近平ら軍事委員会指導部は全員、迷彩服姿に着替えて統合作戦指揮センターを視察した。

後者の「全域作戦能力」とは、同軍が従来の七大軍区を基盤にした伝統的な区域防衛から脱し、陸海空様々な輸送力を駆使して五大戦区（七大軍区を廃止して２０１６年に新編）をも超えた長距離の機動作戦を遂行する際に、あらゆる気象・海象条件や熱帯砂漠・高地寒冷地等の各種地理環境、通信妨害等の電子戦にも、ほぼ全て対応可能な作戦能力を保有するというものであった。

ここまで述べてくると、中国人民解放軍は今後、２０３５年までの十数年間で概ね近代化を達成した軍隊となり、いずれは米国に匹敵するような「軍事大国」に変貌するのではないかとも思えてくる。

しかし、その近代化過程では多くの困難が予想され、人民解放軍が抱える「弱点」も見えてくる。

第一に、習近平が行った軍事改革が、五大戦区の新編など根本的なものであったがために、これを担う人材（指揮官・幕僚・兵士等）の育成や、統合作戦遂行の際の権限・職責関係の再構築という点で困難を抱え、実態としては混乱がみられることである。

第二に、先述した中央軍事委員会指導部メンバーから排除された兵站・装備部門の取り扱いである。確かに、軍事改革の中で、戦略的な能力を向上させるために、各種軍事実験基地等を隷下に組み込んだ「戦略支援部隊」を新設したり、湖北省武漢にある後方支援基地を中核として「統合兵站センター」を設置する等の措置がとられたりしてはいる。しかし、こうした措置が、新編された戦区といかなる関係を築くのかは、まだ不透明である。

私には、人民解放軍が「槍先」である前方装備の近代化を重視するあまり、これを支援する物品補給や装備の保守・整備等の後方支援体制が追い付いていないように見える。

そして第三に、先述した中国共産党の政治的統治の後ろ盾として存在する人民解放軍の「党の軍隊」（党軍）としての役割と、そこに起因する制約である。我が国では、この認識が弱いと私は感じている。要するに、日本の自衛隊は政権党である自由民主党や公明党の「軍隊」では決してないが、人民解放軍は中国共産党の軍隊であり、「国防軍」（国軍）ではないからだ。したがって、組織や人材の近代化に資する施策をとる中で、同軍が共産党の利益に反する方針や行動をとることは不可能であり、それゆえに近代化にブレーキがかかる可能性も否定できない。ここで参考になるのが、永井陽之助『新編　現代と戦略』（中公文庫、２０１６年刊、原本は文藝春秋社より１９８５年刊）である。永井氏の文章は、もともと１９８０年代前半のソ連軍について書かれたものであり、そのまま現在の中国にあてはめることはできないが、「脅威論」の教訓とするのであれば今も有効であろう。

「ソ連の脅威とか、軍事バランス論議で、もっとも欠けているのが、ソ連軍機構内部におけるソフトウェアの面である。軍紀、訓練、士気、人種・宗教の問題、将校と兵士との階級対立、日常娯楽、倦怠、アルコール、女性、わいろ、闇物資の購入、犯罪など、数えきれない、人間くさい要因である」（同書１１５頁）

永井氏が指摘する冷戦時代の「ソ連脅威論」の問題点は、近年の「中国脅威論」にもあてはまる視点であろう。

＊永井陽之助『現代と戦略』（文藝春秋社　１９８５年刊も絶版）は２０１６（平成28）年、『新編　現代と戦略』に加え、『歴史と戦略』の二分冊として中央公論新社から刊

行された。その内容は私の思索・論述の基盤をなすものであり、中本義彦・静岡大学教授の解説とともに参照されたい。

こうした事象に関連して注目すべき記事が、2018(平成30)年に入って人民解放軍機関紙『解放軍報』に相次いで掲載された。これらの記事は、「党の軍隊」を率いる習近平・中央軍事委員会主席が懸念する「和平病」が軍内に蔓延していることを批判するものである。軍事訓練や部隊管理の面で形式主義や官僚主義が改善されず、その一方で「享楽主義」がはびこる等、軍が平時に慣れて軍紀が弛緩している風潮を示唆しており、過去数年で抜本的な改革を断行しても、人民解放軍の性根というか、根本は変えることが出来ないことに対する共産党の〝焦り〟が感じられていた。そして、2023(令和5)年、中国人民解放軍は現職の李尚福・国防部長兼国務委員(副総理級の閣僚で総理の「参謀」役)を解任した。前年に新たな中央軍事委員会委員に任命され、同年3月の全人代会議で選出されながら数か月間の任期での解任であり、不正・汚職など軍の問題点があらためて浮き彫りになった。

「戦略的国境論」の虚実

１９８０年代に流行った「ソ連脅威論」の下では、「ソ連軍北海道侵攻作戦」や「北方領土奪還作戦」などの議論が隆盛であったが、21世紀に入って顕著になってきたのが、「台湾有事は日本有事」とか、「日中開戦」といった議論である。

しかし、「チャイナハンド」（中国専門家）の一人として私は、「日中開戦」など、実態に即していない浮付いた議論が蔓延《はびこ》り、一種の「脅威のインフレーション」が起こっていることを危惧している。中でも違和感を拭えないのが、こうした論者が根拠にしている「戦略的国境（辺境）論」である。

「戦略的国境論」は、かつて鄧小平・中央軍事委員会主席（当時）が、中国軍の兵員１００万人削減を実行していた１９８５～7年頃、軍内部で盛んだった戦略論議の中で提起された概念である。その内容は、軍事力と、その基盤となる「総合国力」（経済、科学技術、社会文化、政治外交等から構成）の増大によって、国境が、従来の地理的な範囲（領土・領海・領空）を越えて、海洋・海中、外層空間、宇宙領域にまで、戦略的に拡大していくというものであった。

今から30年以上前の概念であるにもかかわらず、今でも、この「国境論」を根拠にして、折から巻き起こった地政学ブームにも乗り、習近平体制下の中国が「勢力圏」や「生存圏」を拡大しているなどと語っている論者がいることに、私は苦笑せざるを得ない。何故なら本家本元である中国軍の論調の中に、こうした概念は近年、忘却されたかのように全く現れてこないためである。

確かに、「中国脅威論」を唱える者がしばしば、その論拠に使用する「戦略的国境論」は、中国の勢力伸長を述べる上で非常に便利で、使い勝手の良い概念であるが、肝心の中国共産党や中国軍の要人らが戦略立案の論拠に使ったり、公言した事実を私は確認していない。

第2章冒頭50ページで、私が陸自入隊時の自己紹介で中国語専攻であることを明らかにすると、周りからは若干奇異の目で見られたことは既に書いた。入隊当時の1980年代初頭、ソビエト共和国連邦（旧ソ連）はまだ存在していただけに、「何故、ロシア語専攻ではないのか」とか、「実は中国が送り込んだスパイではないか」という疑問が出されていた。それが1991（平成3）年末にソ連が崩壊して一転、中国の存在がクローズアップされてくると「松本君、君には先見の明がある」、「今後は中国の時代だ」と手のひら返しで接してくる輩が多くて困った。要は全て流行りが大事で、今の言葉で言うと「映《ば》え」重視であり、その時々の情勢に便乗する軽佻浮薄の論調が多過ぎると私は思う。

そして、最近の流行りが「ウサデン」（宇宙・サイバー・電磁波各空間における中国軍の近代化）を越えた「認知戦」である。それは人間の感知、理解度、価値観といった意識から構成されるバーチャルな空間における戦いであり、そのターゲットは人間の心理や意識であるという。しかし、私は、この「新概念」を聞いて、かつて流行った「超限戦」（政治、経済、宗教、心理、文化思想、金融など社会を構成する全てを兵器にして戦う概念）や、「三戦」（輿論戦・法律戦・心理戦）の内容と何が違うのか、基本的には同じ概念にすぎないとみている。

情報活動25年を振り返り、自省を込めて言うが、自分の立論に都合の良い論拠にだけ着目するといった姿勢は捨て、中国の実態に即した地道な研究・分析の実施こそ、今後の日本の未来を見据えた態度ではないかと私は信じている。

年表

西暦	年	干支	天皇	政府	注目内外事象	筆者関係事項
1960	35	庚子	昭和	池田勇人1	安保闘争後安保条約改定	
1961	36	辛丑		池田勇人2	所得倍増計画、米ケネディ政権発足	修誕生（9・21）
1962	37	壬寅			キューバ危機	弟朗誕生（8・18）
1963	38	癸卯		池田勇人3	ケネディ米大統領暗殺	
1964	39	甲辰		佐藤栄作1	東京五輪初開催	
1965	40	乙巳			日韓基本条約、米軍ベトナム北爆	
1966	41	丙午			中国文化大革命（～76年）	修（5歳）、朗（4歳）埼玉県へ移住
1967	42	丁未		佐藤栄作2	第3次中東戦争（六日戦争）	
1968	43	戊申			川端康成にノーベル文学賞、新宿騒乱	修（7歳）日進小学校入学
1969	44	己酉			大学紛争激化、中ソ国境紛争	
1970	45	庚戌		佐藤栄作3	大阪万博開催、安保条約自動延長	修（9歳）、朗（8歳）大阪万博見学
1971	46	辛亥			中国国連復帰、公害問題深刻化	
1972	47	壬子		田中角栄1	沖縄本土復帰、日中国交正常化	
1973	48	癸丑		田中角栄2	第4次中東戦争で石油ショック	修（12歳　年男）
1974	49	甲寅		三木武夫	ニクソン米大統領辞任、田中首相退陣	修（13歳）日進中学校入学
1975	50	乙卯			沖縄海洋博、天皇皇后両陛下初訪米	
1976	51	丙辰		福田赳夫	ロッキード事件、南北ベトナム統一	
1977	52	丁巳			米カーター政権発足、「福田ドクトリン」表明	修（16歳）県立浦和高等学校入学、応援団入団

1978	53	戊午		大平正芳1	日中平和友好条約調印、中国「改革開放」路線採択	朗（16歳）県立川越高等学校入学、応援団入団
1979	54	己未		大平正芳2	米中国交樹立、ソ連アフガン侵攻	修（18歳）祖母さく逝去（享年72）
1980	55	庚申		鈴木善幸	イラン・イラク戦争、中国四人組裁判	修（19歳）東外大中国語学科入学
1981	56	辛酉			米レーガン政権発足、中国残留日本人孤児初来日	修（20歳　成人）朗（19歳）学習院大学入学
1982	57	壬戌		中曽根康弘1	フォークランド紛争、教科書問題	修（21歳）国際関係論コース履修
1983	58	癸亥		中曽根康弘2	大韓機撃墜事件、ロッキード裁判判決	修（22歳）卒論執筆
1984	59	甲子			米ロス五輪	修（23歳）陸上自衛隊入隊
1985	60	乙丑			筑波科学万博開催、プラザ合意	修（24歳　年男2）
1986	61	丙寅		中曽根康弘3	ソ連チェルノブイリ原発事故	
1987	62	丁卯		竹下登	国鉄分割民営化	修（26歳）調査学校入校
1988	63	戊辰			リクルート事件、韓国ソウル五輪	修（27歳）中央資料隊配属
1989	64	己巳			昭和天皇崩御（1・7）	
	1		平成	宇野宗佑	改元、消費税3％、中国「六四」事件、ベルリンの壁崩壊	
1990	2	庚午		海部俊樹1	イラク軍クウェート侵攻、東西ドイツ統一	
1991	3	辛未		海部俊樹2	湾岸戦争、ソ連崩壊	修（30歳）祖父辰雄逝去（享年87）
1992	4	壬申		宮沢喜一	ＰＫＯ法成立、天皇皇后両陛下初訪中	父宏還暦（5・19）
1993	5	癸酉		細川護熙	非自民6党連立内閣発足	修（32歳）中国班長就任

西暦	年	干支	天皇	政府	注目内外事象	筆者関係事項
1994	6	甲戌	平成	羽田孜／村山富市	自社さ3党連立・社会党首班内閣発足、北朝鮮核危機・米朝枠組合意	
1995	7	乙亥			阪神淡路大震災、地下鉄サリン事件、戦後50年	母ゆき子還暦（4・2）朗（33歳）結婚（6・24）
1996	8	丙子		橋本龍太郎	台湾海峡危機、エイズ薬害問題	
1997	9	丁丑			鄧小平死去（2・19享年92）香港返還	修（36歳 年男3）情報本部分析部配属
1998	10	戊寅		小渕恵三	長野冬季五輪、印パ核実験	修（37歳）結婚
1999	11	己卯			中国建国50周年、マカオ返還	修（38歳）中国へ初出張
2000	12	庚辰		森喜朗	朝鮮半島南北首脳会談初開催、九州沖縄サミット	修（39歳）離婚調停開始、米国へ初出張
2001	13	辛巳		小泉純一郎1	「911」米中枢施設同時多発テロ事件、米英アフガン空爆	修（40歳）調停離婚、インド・ベトナムへ初出張
2002	14	壬午			日韓共催サッカーWC、小泉訪朝	父宏古稀
2003	15	癸未		小泉純一郎2	イラク戦争、SARS拡大	修（42歳）分析官就任
2004	16	甲申			自衛隊イラク派遣、郵政民営化推進	
2005	17	乙酉		小泉純一郎3	中国各地で反日運動、愛知万博	修（44歳）愛知万博見学、母ゆき子古稀
2006	18	丙戌		安倍晋三1	耐震強度偽装事件、自衛隊イラク撤収	
2007	19	丁亥		福田康夫	防衛庁省昇格・情報本部発10周年、年金記録問題発覚	
2008	20	戊子		麻生太郎	北京五輪、米リーマンショック、世界金融危機	修（47歳）豪州初出張

2009	21	己丑		鳩山由紀夫	民主党政権発足、中国建国60周年	修(48歳 年男4)父宏喜寿で祝宴
2010	22	庚寅		菅直人	尖閣諸島海域中国漁船衝突事件	
2011	23	辛卯		野田佳彦	「311」東日本大震災	修(50歳)モンゴル初出張
2012	24	壬辰		安倍晋三2	尖閣諸島国有化で中国反日デモ	修(51歳)防衛省退職、母ゆき子喜寿
2013	25	癸巳			中国「一帯一路」構想提唱 2020年東京五輪開催決定	修(52歳)朗(51歳)父宏逝去(6・4享年81)母ゆき子逝去(6・24享年78)
2014	26	甲午		安倍晋三3	消費税8%、香港「雨傘」運動	修(53歳)父母1周忌(6・1)
2015	27	乙未			戦後70年、安保関連法案採択 中台首脳初会談	修(54歳)実家へ引越(〜2023・6) 父母3回忌(5・31)
2016	28	丙申			今上天皇「おことば」発表 中国「一人っ子」政策廃止	修(55歳)朝日新聞「声」欄投稿初掲載
2017	29	丁酉		安倍晋三4	情報本部発足20周年 米トランプ政権発足(〜2021)	修(56歳)北海道「札幌雪まつり」見学 三重県熊野市「むすびの里」研修
2018	30	戊戌			韓国平昌冬季五輪 中国「改革開放」路線採択40周年	修(57歳)処女作出版、記念パーティ開催(5・19)
2019	31	己亥			今上天皇退位	
	1		令和		改元で新天皇即位 中国建国70周年	修(58歳)父母7回忌(6・2)
2020	2	庚子		菅義偉	国内外でコロナ禍、東京五輪延期	修(59歳)日進北小学校勤務
2021	3	辛丑		岸田文雄	東京五輪実施(1964年以来2回目)	修還暦(9・21年男5)日進小学校勤務
2022	4	壬寅			ロシアウクライナ侵攻(2・24) 安倍晋三元首相逝去(7・8享年67)	朗還暦(8・18年男5)

おわりに

２０１３（平成25）年6月に亡くなった父の宏（享年81）は、『時代のうねりの中で―松本家四百年の歴史―』（あさを社、１９９８（平成10）年刊）という松本家の小史をまとめた書籍を上梓した。その発刊から26年の歳月が流れた。

たまに私が実家に帰った時、父が資料の山の中で、愛用のワープロを叩いて原稿を作成していた姿を思い出す。プリントアウトした原稿を手に「修、読んでみておかしい箇所を教えてくれないか」と父が言う。その父の後を追うように亡くなった母のゆき子（享年78）は、「お兄ちゃんも来たことだからお父さん、一休みでお茶にしませんか」と台所から、優しく声を掛けてくる・・・これが当時の実家の風景で懐かしい思い出である。

かつて防衛省情報本部在籍時代、私は「余人をもって代えがたい存在」等ともちあげられながら一転、直属上司の「パワハラ」等によって体調を崩し休職、最後は退職を余儀なくされた。こうした中、本当に嫌で見たくないものを見たし、辛く不名誉な処遇に涙することもあった。しかし、思い切った中途退職が転機となって、誰にも遠慮する必要が無くなり、独りで自由に生きることが出来たのは幸いだった。そして、ようやく過去を振り返る余裕が出来て２０１８（平成30）年、処女作『情報戦士の一分　ある自衛隊分析官が歩んだ道』を刊行することも出来た。

振り返ってみれば、同書刊行までの過程は、紆余曲折のある苦しい道のりだった。防衛省退職直後、某週刊誌の記者から「軍事アナリストの語る防衛省情報本部の内幕、何て興味深いテーマだ」と関心を寄せられ、「編集長に話したら毎週、数ページ空けて（記事を）載せるとのことです。まとまった量に達したら、いずれは書籍化ですよ」と言われた。そして、数回の記者取材を受けたが、ある時同誌を眺めたら「世界の情報機関特集」というカラー写真付きの記事が掲載され、有名な情報専門家のインタビューが代わりに載っていた。

後日、記者から「うちの編集長は大物好きで、私の取材原稿はボツになりました」とお詫びの連絡が来た。「他人任せはダメだ、自分自身で原稿を書かなければならない」と考えた私は、某大手出版社が開いた「自分史講座」を受講し、執筆に関する初歩的なノウハウを学んだ。それなりに手応えを感じた私が執筆に取り掛かろうとした矢先、両親の相次ぐ逝去という事態に直面し、作業を中断せざるをえなかった。

両親の法要を済ませた私は、馴染みの店で知り合った編集者に付いて出版社廻りを始めた。まず某有名ビジネス誌編集部に連れていかれ、私の執筆企画について担当者との質疑応答があった。「企画の概要は分かりました。では、そのキモ、重点は何ですか、例えば最新の中国事情、それとも防衛省の内幕ですか。また、企画の保険（代替案か）は何になりますか」と畳みかける担当者に対し、私は必死に回答したが好感触はなかった。後日、彼から丁寧な「お祈り」（お断り）メールが私の元に届き、「編集部で話し合ったんですが、自分史というか、身辺雑記ならブログに自由に書いてみて反響が大きかったら掲載、出版も考えます」とあった。結果を聞いた編集者は「松本さんの話は面白いんだけど、相手の会社が大きすぎました。今度は中小出版社をあたってみましょう」と慰めてくれた。

次は女性の編集者が切り盛りする出版社を訪れた。「まずあなたの書きたいことを教えて下さい」と言われ、私は持参したパソコンを使い、パワーポイントで執筆企画をプレゼンして好感触を得た。彼女は、「書きたい内容を箇条書きにして、大まかな構成を作って私に送ってください」と指示した。私は指示どおり、何度か彼女と「構成案」（一種の骨子か）に関してメールのやり取りを行ったが、オッケーはなかなか出なかった。しびれを切らした彼女から、「今の段階で出来ている原稿を送ってください。私が預かって考えます」とのメールが届いたので、「虫食い」状態ではあったが一定量の原稿を送った。しかし、彼女からは「採用なのか、ボツなのか」など何の連絡も来なくなり、面倒を見てくれた編集者も離れていってしまった。そんな〝失意〟の状況にあった私が２０１７（平成29）年夏、朝日新聞社の「自分史」セミナーに参加して懇切丁寧なアドバイスを受け、何とか原稿の執筆、書籍の刊行にまでこぎ着けたのである。

やがて私は、コロナ禍の中、２０２０（令和２）年８月から、全く門外漢の教育現場に入り、それも小学校の職員（「先生」教員ではない）として働き始めた。最初、仕事の内容はよく分からなかったが、何よりも自宅から徒歩で、短時間に通勤できる「職住近接」のメリットがあったからである。しかし、実際に働き始めて具体的な仕事の中身を知って驚いた。流行りの「働き方改革」の一環で、過重な教員の負担を減らすべく「授業等教育以外の校務」を任されたのである。手洗い場の掃除や教材の印刷など単純作業は問題なかったが、１～６年の教材費の会計を、着任早々やったのはきつかった。そもそも自分は「中途採用」だったので、各学年がいかなる教材を注文し、それを何時集めているかも知らなかった。「毎月の学年だよりに書いてありますよ」と、親切に教えてくれたのは学校の人間ではなく、教材を納入する業者だった。そして、実際に会計を始めると、各学年がバラバラに教材費を私の机に持参し、それを集計してから業者へ支払うのである。金銭を扱う仕事だから細心の注意を払って行ったが、1週間に3つの学年の会計が集中した時はもう限界だった。校長や教頭に「意見具申」して週2つの学年にしてもらった。また、学校と地域の「連携」橋渡しを行う仕事も行った。具体的には「学校だより」の地域への配布、低学年の地域学習への随行、防犯ボランティア等への支援であったが、これらも具体的な要領等は不分明であった。前任者からの申し送り事項もA4ペーパー1枚の紙切れだけで、過去の業務内容を綴った簿冊も存在しなかった。良く言えば「職員の裁量」に任す、悪く言えば「現場への丸投げ」であり、これが「働き方改革」の実態なのかと落胆した。

2023（令和5）年3月、2年7か月にわたる私の小学校勤務は終わった。この貴重な経験は、いずれまた稿をあらためてまとめたいと思っている。しかし、門外漢の私が痛感したのは、情報の世界と同様、教育の世界も問題山積ということだった。政治も軍事も経済も社会も、日本は既に「ズタボロ」化して壊れかかっている。こんな現状に対し「弥縫策」は効かないし、まして「○×スマート構想」の実現はもう無理だ。では、どうしたら良いか。私は、それぞれの分野の人間が、自分の持ち場で努力し、少しでも現状を改善して向上させていく以外にないと思う。その中で「仲間」協力者を作り、厳しい立場にある人間へ手を差し伸べられないだろうか、私も、何とかもうひと踏ん張りしたいと考えている。

あの処女作の刊行から6年の歳月が経ってしまった。この間、私は2021（令和3）年に還暦を迎えた。神田神保町にある中国関係書籍専門店「内山書店」の創業者である内山完造氏には、著名な自伝『花甲録』がある。この書名は、中国語で還暦になることを意味する「年登花甲」に由来し、「私の歴史は、私以外には持つ人は無いと云うただこの一つのことによって、私は書かねばならんと云う勇気を得たのである」という金言に大いに励まされて本書の執筆、刊行を決断した次第である。この場を借りて今回、ご協力・ご助言をしてくださった東洋出版の鈴木浩子さんに御礼を申し上げます。

また、最近、世話になった二人の畏友、というか「チング」（韓国語で親友）の存在を紹介して御礼を言いたい。一人は、かつて中央資料隊時代に同僚であった小西鐘雄君。会って直ぐに小西君から「松本さん、あなたは結局、どうしようもなく孤独で独りぼっちだから」と見抜かれてから30年近く経ったが、私の正体を見破ったのは彼しかいない。その後も私がピンチになると手を貸してくれた。もう一人は、母校である日進小学校勤務の時に知り合った加藤良雄君。馴染みの居酒屋で友達になった加藤君は最初、取っ付き難かったが仲良くなったら、こんなに義理と人情に篤い人間がいるのかという快男児で、「まっちゃん、大丈夫か」と私のことを常に気遣ってくれた。本当は御礼なんて不要の関係だがチング、本当にありがとう。

そして最後に、弟の朗に対し、心からありがとうと伝えたい。年子という間柄で仲良くやってきた一方、若い頃は取っ組み合いの喧嘩もしてきた。しかし、相次いで両親を亡くすという厳しい時期に朗は、細身の身体で私を陰日向に支えてくれた。一連の書籍発行に際しても、貴重な資料等を提供して多大な支援をしてくれた。その朗も、定年退職を迎えた。長年にわたる仕事お疲れ様でした、あらためて本当に感謝しています、以上。

２０２４（令和６）年春

松本　修

本書は、２０１８年5月に刊行された『情報戦士の一分　ある自衛隊分析官が歩んだ道』（私家版）に加筆・修正したものである。

［著者］松本 修（まつもと・おさむ）

1961（昭和 36）年　東京都生まれ、幼少期は群馬県安中市で育つ
1980（昭和 55）年　埼玉県立浦和高等学校卒業後、東京外国語大学中国語学科入学
1984（昭和 59）年　大学卒業後、陸上自衛隊幹部候補生学校（福岡県久留米駐屯地）入校、同校卒業後第８通信大隊（熊本県北熊本駐屯地）配属
1987（昭和 62）年　調査学校（東京都小平駐屯地）入校
1988（昭和 63）年　同校卒業後、陸自中央資料隊（東京都桧町駐屯地）配属
1997（平成　9）年　新設の防衛庁情報本部分析部（東京都市ヶ谷駐屯地）配属
2003（平成 15）年　分析部中国担当分析官就任
2012（平成 24）年　防衛省退職、軍事アナリストとして活動開始
2018（平成 30）年　『情報戦士の一分　ある自衛隊分析官が歩んだ道』刊行
2020（令和２）年　さいたま市立日進北小学校勤務（スクールサポートスタッフ）
2021（令和３）年　日進北小学校退職、同日進小学校勤務（学校地域連携コーディネーター）
2023（令和５）年　日進小学校退職、現在に至る

あるスパイの告白《こくはく》——情報戦士《じょうほうせんし》かく戦《たたか》えり

発行日　2024年4月17日　第1刷発行

著者　松本《まつもと》　修《おさむ》

発行者　田辺修三
発行所　東洋出版株式会社
〒112-0014　東京都文京区関口1-23-6
電話　03-5261-1004（代）
振替　00110-2-175030
http://www.toyo-shuppan.com/

印刷・製本　日本ハイコム株式会社

ISBN 978-4-8096-8699-3
定価はカバーに表示してあります

ISO14001 取得工場で印刷しました